"十二五"国家重点图书出版规划项目

数学文化小丛书

李大潜　主编

开启航天大门的金钥匙

Kaiqi Hangtian Damen de Jinyaoshi

——齐奥尔科夫斯基公式

李大耀

U0151445

高等教育出版社·北京

图书在版编目（C I P）数据

开启航天大门的金钥匙：齐奥尔科夫斯基公式／李
大耀编. -- 北京：高等教育出版社，2014.9（2023.4重印）
（数学文化小丛书／李大潜主编. 第3辑）
ISBN 978 - 7 - 04 - 040980 - 2

Ⅰ.①开… Ⅱ.①李… Ⅲ.①航天-数学公式－普及
读物 Ⅳ.①V4-05

中国版本图书馆 CIP 数据核字（2014）第 196184 号

项目策划　李艳馥　李　蕊

策划编辑　李　蕊　　　　责任编辑　蒋　青　　　　封面设计　张　楠
版式设计　王艳红　　　　插图绘制　杜晓丹　　　　责任校对　窦丽娜
责任印制　存　怡

出版发行　高等教育出版社　　　　　咨询电话　400 - 810 - 0598
社　　址　北京市西城区德外大街4号　网　　址　http://www.hep.edu.cn
邮政编码　100120　　　　　　　　　　　　　　　　http://www.hep.com.cn
印　　刷　中煤（北京）印务有限公司　网上订购　http://www.landraco.com
开　　本　787mm×960mm　1/32　　　　　　　　http://www.landraco.com.cn
印　　张　4　　　　　　　　　　　　　版　　次　2014年9月第1版
字　　数　72千字　　　　　　　　　　印　　次　2023年4月第8次印刷
购书热线　010 - 58581118　　　　　　定　　价　10.00元

数学文化小丛书总序

　　整个数学的发展史是和人类物质文明和精神文明的发展史交融在一起的。数学不仅是一种精确的语言和工具、一门博大精深并应用广泛的科学，而且更是一种先进的文化。它在人类文明的进程中一直起着积极的推动作用，是人类文明的一个重要支柱。

　　要学好数学，不等于拼命做习题、背公式，而是要着重领会数学的思想方法和精神实质，了解数学在人类文明发展中所起的关键作用，自觉地接受数学文化的熏陶。只有这样，才能从根本上体现素质教育的要求，并为全民族思想文化素质的提高夯实基础。

　　鉴于目前充分认识到这一点的人还不多，更远未引起各方面足够的重视，很有必要在较大的范围内大力进行宣传、引导工作。本丛书正是在这样的背景下，本着弘扬和普及数学文化的宗旨而编辑出版的。

　　为了使包括中学生在内的广大读者都能有所收益，本丛书将着力精选那些对人类文明的发展起过重要作用、在深化人类对世界的认识或推动人类对世界的改造方面有某种里程碑意义的主题，由学有专长的学者执笔，抓住主要的线索和本质的内容，由浅入深并简明生动地向读者介绍数学文化的丰富内涵、数学文化史诗中一些重要的篇章以及古今中外一些著名数学家的优秀品质及历史功绩等内容。每个专题篇幅不长，并相对独立，以易于阅读、便于携带且尽可能降低书价为原则，有的专题单独成册，有些专题则联合成册。

希望广大读者能通过阅读这套丛书，走近数学、品味数学和理解数学，充分感受数学文化的魅力和作用，进一步打开视野、启迪心智，在今后的学习与工作中取得更出色的成绩。

李大潜

2005 年 12 月

目　　录

一、前　　言

　　航天指的是用人造的飞行器 (航天器) 在地球稠密大气层之外、太阳系之内的空间 (称为太空, 其与太阳系空间只有些微差异) 进行的以飞行为主要特征的活动. 遨游太空或太空遨游是航天的通俗说法.

　　遨游太空是人类自古以来的理想. 在科学技术水平和生产力十分低下的古代, 人世间就已产生了反映古人对太空朴素向往的诸如 "嫦娥奔月" 之类的有关航天的神话传说. 随着人类对自然界认识的深化, 神话传说逐渐让位于科学幻想. 在火炮技术得到发展后, 人们从 19 世纪中叶开始设想乘炮弹去月球旅行. 科幻小说中提到的一些飞向太空的方法, 虽有一定的科学依据和能唤起人们对航天的兴趣, 但在实际上却行不通. 不论是先进的大炮, 还是近代的飞机, 都不能提供航天器进行太空遨游所需的能量, 只有现代火箭才是人类实现航天的唯一可行的工具. 这就是说, 人类的航天梦只有在科学技术发展到一定程度后, 才能成为现实.

以航天为实现目标的航天学(或航天工程)是一个由航天理论、航天实践、航天技术和航天应用等组成的复杂的科技体系. 其兴起始于19世纪和20世纪之交, 蓬勃发展则始于20世纪50年代后半期. 苏联于1957年10月4日成功发射世界上第一个人造天体——"伴侣"1号人造地球卫星, 将人类社会的发展推进到航天时代. 截至2013年12月, 全世界共进行了5 000多次成功的发射, 约将6 700个航天器(含我国的航天器约220个)送入太空运行(内有6艘载人飞船登上月球、1个深空探测器已于2013年9月飞出太阳系). 其中, 人造地球卫星约占89%, 载人航天器及与其直接相关的无人航天器约占8%, 深空探测器约占2.4%.

如同恩格斯所述"天文学只有借助数学才能发展"(见《自然辩证法》)那样, 以人造天体活动为研究对象的航天学也需借助数学才能得以发展. 作为一个曾在大学数学系就读、后又在航天领域从事工作多年的科技人员, 笔者深切感到数学在航天领域大有用武之地, 现今航天领域的各部门都在应用最新的数学理论与方法来解决实际的工程技术问题, 以推动航天事业的进程. 从某种意义上甚至可以说, 数学引领人类实现、发展了太空遨游. 本书以齐奥尔科夫斯基公式为例进行说明.

被世人誉为"航天之父"的俄国学者康斯坦丁·埃杜阿尔道维奇·齐奥尔科夫斯基(К.Э.Циолковский)撰写的《利用喷气工具研究宇宙空间》(这里, 喷气工具指现代火箭, 宇宙空间指太空) 的第一部分于 1903 年由俄国杂志《科学评论》发表, 第二部分于 1911 年由俄国杂志《航空通报》发表. 在这篇著作中, 齐奥尔科夫斯基提出了航天学中最重要的基本公式:

$$\Delta V = W \ln \frac{M_0}{M_k}.$$

在上述这个被后人称为齐奥尔科夫斯基公式的式子中:

ΔV 为火箭 (这里指单级火箭) 的理想速度 V 大小的增加值, 为在不考虑大气阻力和天体引力等理想情况下, 火箭在其发动机工作期间获得的速度大小的增加值;

W 为火箭发动机的喷气速度 W (相对于火箭的速度) 的量值;

M_0 为火箭发动机工作开始时刻的火箭质量;

M_k 为火箭发动机工作结束时刻的火箭质量;

$\ln$ 为自然对数的符号.

这里及以后, 在不致产生误解时, 提到理想速度、喷气速度等原本应该用黑体字符表示的矢量形式的物理量, 也可认为就是用白体字符表示的该物理量的大小或量值.

齐奥尔科夫斯基公式表明, 火箭的理想速度大小的增加值与火箭尺度的大小无关, 仅取决于火箭发动机喷气速度 W 和火箭的质量比 M_0/M_k. 正是这一崭新的结论启迪出发展多级火箭的新概念, 为现代火箭技术和航天技术的发展奠定了理论基础. 齐奥尔科夫斯基公式的重要性早已得到世界公认.

1957 年 5 月 15 日, 尼加拉瓜邮政当局发行的 10 张 1 套题为 "改变世界面貌的 10 个数学公式" 的邮票中, 印有齐奥尔科夫斯基公式的邮票赫然在列.

追根溯源, 齐奥尔科夫斯基公式建立的依据就是 17、18 世纪创立和发展起来的变量数学 (即高等数学, 包括解析几何、微积分和微分方程等) 和以其为工具的经典力学 (以牛顿运动定律为基础的力学, 亦称牛顿力学).

二、钱学森首创"航天"新名词

汉字"天"含义丰富,用途广泛.它既可作为时间的单位,又可指天空,还可以认为是神佛仙人居住之地……那么,航天中的"天"是什么呢.对此问题,可谓"仁者见仁,智者见智".其中,一种看法是它泛指地球稠密大气层之外的宇宙空间(地外宇宙空间或简称空间);另一种看法则认为它只是狭义的天空,专指我们的家园——地球的稠密大气层之外、直到太阳系边界的那部分空间.笔者比较倾向于后一种看法.

"航天"这个新名词及其定义,最早出现于20世纪60年代中期.1967年9月,我国杰出科学家钱学森先生(1911— 2009)在我国第一种返回型遥感卫星可行性论证会开幕式的讲话中说,人类在(地外)宇宙空间的飞行活动,在很长的时间里只限于太阳系之内,将之称为"宇宙航行"未免有些夸大.他建议,(把)人类在(地球稠密)大气层以外、太阳系以内的飞行活动,称为"航天";而在(地球稠密) 大气层以内的 (飞行) 活动, 称为 "航空"; (只有) 飞出太阳系, 那才是真正的宇宙航行, 可简称 "航宇". 钱学森先生说: "我提出 '航天' 这个名词, 是受到 (我国人民的伟大领袖) 毛 (泽东) 主席 (1893—1976) 的诗句 '巡天遥看一千河' 的启发, 是毛主席 '巡天' 一词的延伸." (见涂元季, 莹莹. 钱学森故事. 北京: 解放军出版社, 2011.)

钱学森先生的上述建议得到我国航天界的认同. 现今, 航天、航天器、航天运载器、航天发射、航天事业等已成为国人熟悉的词汇.

恕笔者冒昧, 钱学森先生对毛泽东主席诗词中 "巡天" 一词的理解似与毛泽东主席的原意有别. "坐地日行八万里, 巡天遥看一千河" 源自毛泽东主席于 1958 年 7 月 1 日所著《七律二首·送瘟神》中的第一首诗. 这二首七律是毛泽东主席于当年 6 月 30 日看到当日《人民日报》报道了江西省余江县用了两年时间根治了对人民的危害极其严重的血吸虫病后, 欣喜得 "浮想联翩" "夜不能寐", 于 "微风拂煦、旭日临窗" 之际挥笔写就初稿, 后修改发表的. 在第一首诗中, 毛泽东主席用革命浪漫主义的手法, 把想象推进到广阔无垠的天际、星空.

毛泽东主席在 1965 年 10 月 25 日致周世钊先生 (1897—1976, 毛泽东主席青年时代好友) 的信中如此说 (参见朱向前. 诗史合一: 毛泽东诗词的另一种解读. 北京: 人民出版社, 2008):

"坐地日行八万里是有数据的. 地球直径约一万二千五百公里, 以圆周率 3.141 6 乘之, 得约四万公里, 即八万华里. 这是地球自转的里程……巡天, 即谓我们这个太阳系 (地球在内) 每日每时都在银河系里穿来穿去. 银河一河也, 河则无限. 一千言其多而已. 我们人类只是巡在一条河中, 看则可以无数."

如此看来, 毛泽东主席诗中的"天"指的是银河系, 而非太阳系.

三、"太空"近乎等同于太阳系空间

"太空"这个名词在我国出现的时间早于"航天".毛泽东主席于1958年12月21日写就的《七绝·仿陆放翁》中就用了"太空"这个词.该诗全文为:"人类而今上太空,但悲不见五洲同.愚公尽扫饕蚊日,公祭毋忘告乃翁."(参见上一节提到的《诗史合一:毛泽东诗词的另一种解读》)但在我国航天界大约从20世纪70年代才开始使用"太空".1985年中国大百科全书出版社出版的《中国大百科全书·航空航天》中就有"太空"这个条目,并将其定义为"地球(稠密)大气层以外的宇宙空间,又称外层空间或空间".笔者曾认为用"太空"称呼地外宇宙空间,形象化地反映了这一空间中的绝大部分近乎空洞无物的特点.

如同钱学森先生把宇宙航行(简称宇航)分为航天和航宇两部分,现在看来似不宜简单地把"太空"作为整个地外宇宙空间的代名词.

我们知道,宇宙为包括地球及其他一切天体(自然,这里指的是天然存在的天体,如若未在天体两字前冠以"人造",则即为天然存在的)的无限空间,是一个有层次的系统. 距离地球最近的天体是它的独一无二的天然卫星——以平均距离约 38.4×10^4 km 环绕地球转动的月球. 地球只是太阳系的一个成员,为太阳的 8 颗行星 (国际天文界已于 2006 年不再把冥王星列为太阳系的行星) 之一,太阳系的中心天体——太阳与地球的平均距离约为 1.496×10^8 km. 太阳系又在银河系中,处于银河系的边缘,距离银河系最中心区 (银心) 约 27 000 光年 (1 光年约等于 9.46×10^{12} km). 银河系是一个拥有 2 000 亿颗以上恒星和大量星际物质的巨型旋涡星系. 在银河系包含的众多恒星中,除太阳外,距离地球最近的是半人马座 α 星,它与地球的距离约为 4.3 光年. 银河系中的其他恒星和银河系外的河外星系,距离地球就更遥远了.

相对于太阳系空间之大来讲,地球稠密大气层之外、太阳系之内的空间与太阳系空间的差异微不足道. 把航天的活动领域称为太空,意指其基本上等同于太阳系空间. 也就是说,宜以太阳系边界 (这是一个尚有争议的概念) 将整个的地外宇宙空间分成太空和外太空两部分. 当然,还可进一步地以银河系边界 (这更是一个模糊的概念) 将外太空分成银内外太空与银外外太空. 考虑到我们在晴朗的夜空中用肉眼能看到的星星,除极个别外,其余都是银河系中的恒星. 因此,不妨将银内外太空形象化地称为星际空间 (简称星空).

四、太空的下边界位于何处

太空是以地球为基准而言的. 地球的外形近似为半径约等于 6 371 km 的正球体, 地球的外部为被地球引力场和磁场束缚的大气层所包裹. 地球大气层从地球表面 (简称地面, 下同) 开始一直延伸到距地面数千千米的高度 (指相对于地面的高度, 下同). 虽然地球大气层的密度随高度的增加而迅速减小, 但在 3 000 km 的高空仍有相当稀薄的大气. 以哪一个高度作为地球稠密大气层的上界 (即太空的下界), 视科学技术领域的不同而异. 在航天领域, 一般认为航天器运行轨道高度的下限 150 ~ 200 km 已在地球稠密大气层之外.

太空的定界还涉及世界各国的政治、军事权力和利益. 根据国际法, 各国有领空权, 一个国家的领空不得为别国侵犯; 而太空则是全人类的共同开发范围, 决不能通过主权要求、使用、占领或其他任何方法为一国所有. 从领空的国家专有性和太空的全人类共有性这种差异出发, 不宜把太空下界的高度定得过高. 否则, 就相应地在深度上扩大了各国的领空权, 由此将会给人类对太空的利用和开发带来一系列问题. 国际社会虽曾对太空的定界进行过多次讨论, 但至今仍未取得明确的结论.

从环境特点和资源利用的角度来讲, 一般认为将太空的下界定在 100 km 左右的高度较为适宜. 如前所述, 地球稠密大气层是航空活动的领域, 任何航空活动都离不开地球大气 (俗称空气). 气球和气艇 (充气状态) 那些平均密度轻于地面大气密度的航空器, 依靠空气的浮力离开地面、飘浮空中; 动力式飞机这种平均密度重于地面大气密度的航空器, 则依靠它与空气做相对运动获得的升力保持在空中, 同时实现这种相对运动所需的能源有一部分来自空气 (指其中的氧气). 另一方面, 高度 100 km 处的大气密度大约只有地面大气密度的百万分之一. 在高度 100 km 以上, 现有飞行器上所承受的空气动力已不明显, 大气中的氧含量也不足以供飞行器作能源使用. 这就是说, 利用地球稠密大气层资源、进行地球稠密大气层开发的航空活动, 其极限高度不会超过 100 km. 与航空活动不同, 必须使用现代火箭发动机才能实现和进行的航天活动可以不依靠地球的大气, 高度 100 km 以上的太空就成为航天器活动的舞台.

五、太空资源——航天致力开发的对象

诚如地球的陆地、海洋和稠密大气层拥有可供人类开发利用的资源一样，太空中也有颇具价值的资源.

太空资源指太空中天然存在的或在航天器进入太空轨道 (指航天器在太空中飞行的轨迹，下同) 其内部自然产生的有用特性. 太空资源作为专门术语，在中国出现于 20 世纪 80 年代初中期 (当时称为空间资源). 自那时以来，探测研究太空环境、开发利用太空资源是航天的主要任务，这逐步成为人们的共识. 1993 年，时任中共中央总书记的江泽民同志 (1926—   ) 为中国空间技术研究院 (我国航天器的主要研发中心之一) 成立 25 周年的题词就是："发展空间技术 开发空间资源" (图 5–1).

现今已开发利用得较好或可望在 21 世纪中叶达到一定规模开发利用的太空资源主要有以下几类：

相对于地球表面的高远位置 (简称太空高远位置)，

高真空、超洁净,
地球引力场,
航天器内部的微重力环境 (又称太空微重力),
太空太阳能,
月球资源.

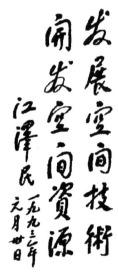

图 5-1　江泽民总书记的题词

5.1　太空高远位置资源

高度是一项很有用的特性. 唐代诗人王之涣在登鹳雀楼 (旧址在今山西省水济县西南) 时舒情吟唱的五言律诗: "白日依山尽, 黄河入海流. 欲穷千里目, 更上一层楼." 中的后面一句, 形象化地说明了站得愈高看得愈远这样一个道理.

太空的高远位置是地面上的高楼、山峰或在地球稠密大气层中飞行的气球、飞机望尘莫及或自叹不如的. 现今世界上最高的人造建筑物是 2010 年 1 月落成的哈利法塔 (位于阿拉伯联合酋长国的首都迪拜), 其高度为 828 m; 地球之巅——喜马拉雅山珠穆朗玛峰峰顶的海拔为 8 844.43 m(2008 年的测量值). 飞机、气球的最大升空高度一般不会超过海拔 50 km. 如前所述, 太空的高度至少 100 km. 高度愈高, 可观察的地球表面积就愈大. 不难得到, 在把地球简化为球心位于地心 (地球的质量中心, 下同)O、半径 R 约等于 6 371 km 的正球体时, 在高度为 h 的 S 处能观察到的地面面积的最大可能值为 (参见图 5–2)

$$A_S = 2\pi R^2(1 - \cos d_S) = 4\pi R^2\sin^2(d_S/2),$$

(5–1)

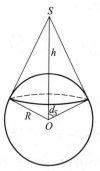

图 5–2　最大可能观察的地面区域

式中, d_S 为最大可能观察区域的地心角, 其计算公式为

14

$$d_S = \arccos[R/(R+h)]. \qquad (5\text{--}2)$$

最大可能观察到的地面面积占整个地球表面积的百分比 (即最大可观察面积的相对值) $\overline{A_S}$ 为 (参见表 5--1)

$$\overline{A_S} = \sin^2(d_S/2) \times 100\%. \qquad (5\text{--}3)$$

表 5--1　高度和最大可能观察地面的关系

位置	h/km	d_S/(°)	$\overline{A_S}$/%
地球之巅	~ 9	3.04	0.07
近地轨道卫星	200	14.2	15.2
地球静止轨道卫星	35 786	81.4	42.4

一般来讲, 高度愈高, 为达到此高度所需付出的努力就愈大、所需要的技术愈复杂, 从而其价值也就愈大、收获也就愈丰.

航天技术的发展使人类开发利用太空高远位置资源得以实现. 由航天器开发利用太空高远位置资源, 能排除天然环境和社会因素造成的许多障碍, 在天际为人类开辟出观测地球、传输和获取信息的畅通渠道.

实践表明, 太空高远位置资源的开发利用工作, 不仅能从满足社会对信息流通方面的特定需求, 促进经济、文化、科技和国防等方面发展, 而且会为人类的经济、生活、文化和工作带来许多方便和利益, 甚至可在一定程度上改变人类的生活和工作方式.

5.2 高真空、超洁净资源

真空指没有空气或只有极少空气的状态, 洁净指没有尘土、杂质等物质. 地球的大气密度和大气压强随高度的增加按指数规律迅速减小 (参见表 5-2). 在 100 km 的高空, 大气密度和大气压强均只及相应地面值的 10^{-6} 数量级. 地球大气层中包含的尘埃数密度 (单位体积内含有的某特定尘埃的个数) 随高度的变化趋势基本上类似于大气密度. 如若不计天体和其邻近的空间区域、不计在太空中飞行的航天器以及由于航天活动在太空中产生的各种废弃物 (即太空垃圾), 则太空近乎一个没有大气、没有杂质的世界.

表 5-2 标准大气的密度随海拔变化的关系

海拔 /km	18	33	67	96	125	245	540	980
当地大气密度/海平面大气密度	$1\times$ 10^{-1}	$1\times$ 10^{-2}	$1\times$ 10^{-4}	$1\times$ 10^{-6}	$1\times$ 10^{-8}	$1\times$ 10^{-10}	$1\times$ 10^{-12}	$1\times$ 10^{-14}

太空具有的高真空、超洁净以及强辐射、超低温背景等环境特征, 虽然会给人类在那里生存带来一系列需要解决的难题和对航天器正常工作造成许多不良影响, 但高真空、超洁净却是太空的一项重要资源. 与地面只能在极有限的空间 (如实验室、车间) 和间断的时间内人为地创造出这种环境相比, 航天器则可以在极广阔空间和相当长时间开发利用

这项资源, 其带来的好处是十分明显的.

太空高真空、超洁净环境是航天器在其中飞行的先决条件. 在现今的科学技术水平下, 没有一种飞行器能以航天器具有的速度于地球稠密大气层内做长时间持续的运动. 这从我们在晴朗的夜空中看到的流星现象即可得以理解. 由此, 从航天的角度讲, 高真空、超洁净实为太空的第一资源.

在高真空、超洁净的太空, 利用航天器上装载的天文仪器进行天文观测, 基本上摆脱了地球大气对天体电磁辐射的影响, 可获取到波段不受损失、强度不被削弱的完整和精确的宇宙图像, 有助于人类较全面地了解宇宙的真相, 推动了太阳物理学、行星物理学和恒星物理学的发展. 太空天文学现已有很大进展, 并取得很多新的天文发现.

5.3 地球引力场资源

宇宙万物都存在相互吸引力, 正是万有引力支配着地球的运动.

地球的质量约为 5.976×10^{24} kg. 地球内部、表面及其周围空间的物体都会受到地球引力的作用. 在地球外部 (包括表面, 下同), 任何一个可视作质点的物体所受到的地球吸引力, 近似地等于一个位于地心、质量等于地球质量的质点对该物体的吸引力 (参见: 六、地球吸引力的近似公式). 这就是说, 地球对其外部物体 (可视为质点) 吸引力 $\boldsymbol{F}$ 的大小 F 可以近似地写成

$$F = GMm/r^2 \quad (r \geqslant R), \tag{5-4}$$

式中, G 为万有引力常量 (6.674×10^{-11} N·m²/kg²), M 为地球质量, m 为物体质量, r 为物体的地心距, R 为地球半径 (约等于 6 371 km). 可以算出 GM 等于 398 600 km³/s².

　　诚然, 航天器要进入太空, 必须克服地球吸引力对它的无形束缚. 但当航天器一旦进入太空轨道, 包括地球在内的天体吸引力就决定了它的运动规律. 对环绕某天体 (如地球) 运动的航天器来讲, 该天体的吸引力就是维系航天器做这种运动的主要作用力. 从这个意义上说, 地球 (或其他天体) 的引力场是航天器能驻留在其周围空间的必要条件.

5.4　太空微重力资源

　　太空微重力并不是说太空本身全是微重力环境. 以地球周围的空间为例, 一个相对于地球静止的物体 (可视为质点) 所受重力 $\boldsymbol{Z}$ 的大小 Z, 基本上就是该物体所受地球吸引力的大小 F, 即

$$Z \approx F \approx Z_0 R^2/r^2 \quad (r \geqslant R), \tag{5-5}$$

式中, Z_0 为该物体的地面重量.

　　从式 (5-5) 式可见, Z 近似地与该物体的地心距 r 的平方成反比. 只有当 r 足够大时, Z 才会足

够小.

在地球周围空间, 航天器做无动力 (指没有人为主动施加推进力) 飞行 (俗称惯性飞行) 时, 其内部距离航天器质心近的物体 (可视为质点) 的视重力的量值很小 (即接近完全失重). 航天器内部物体的视重力为该物体对作为其支持物的航天器的作用力 (压力或拉力), 这个力的量值可以从装载在航天器上的测量仪器看 (视) 出, 故得名. 航天器内部物体视重力微小的状态 (近乎完全失重的状态), 通常称为太空微重力.

失重状态在日常生活中也可能遇到. 例如, 一个人站在电梯内的磅秤上, 当电梯向下加速运动时, 这个人会发现磅秤显示的质量 (视重力的量值) 要比他平时的体重 (地面质量, 实际上这也是视重力) 少, 好像失去了一部分体重 (部分失重, 参见图 5-3). 如果电梯向下的加速度等于当地的地球重力加速度, 磅秤显示的质量就为零值 (完全失重), 这时人也会感到似乎飘浮在空中. 反之, 当电梯向上加速运动时, 磅秤显示的质量要比他平时的体重多, 宛如增加了一部分体重 (超重).

航天器内部微重力水平之高、持续时间之长引人注目. 表 5-3 给出各种试验方法所产生的微重力水平和微重力持续时间.

在微重力环境中, 重力的影响微乎其微, 会出现许多不同于重力环境下的基本物理现象, 诸如:

液体和气体中由重力导致的自然对流基本消除, 能量扩散、质量扩散成为传递的主要过程;

图 5-3　失重 (电梯向下加速)

表 5-3　各种试验方法产生的微重力比较

试验方法	视重力与地面重力之比	持续时间
从高塔或落管中投放载荷	$1 \times 10^{-6} \sim 1 \times 10^{-3}$	几秒钟
从高空气球投放载荷	$1 \times 10^{-5} \sim 1 \times 10^{-3}$	1 min 左右
飞机做抛物线飞行	$1 \times 10^{-3} \sim 1 \times 10^{-1}$	几十秒钟
探空火箭惯性飞行	$1 \times 10^{-6} \sim 1 \times 10^{-4}$	$5 \sim 10$ min
人造地球卫星、近地空间站	$1 \times 10^{-7} \sim 1 \times 10^{-3}$	若干天到若干年

液体中浮力消失, 由于物质密度不同引起的沉浮和分层现象也消失, 物质的混合和悬浮可以控制;

液体为表面张力束缚, 浸润现象和毛细现象加剧, 液体中不存在静压力等.

经长时间的研究和试验表明, 许多材料性能的理论极限值要比地面重力环境中制成的材料所相应性能的实际值高得多, 有许多理论上性能很好的合金和材料在地面不能制造, 许多要求高纯度、高精度、高质量的物品在地面难以做出或需要付出很高的代价, 究其原因都与地面重力有关. 尽管重力的变化不能改变材料制备中由热力学原理确定的物质形态转变这个主过程的方向, 但利用微重力环境中不同于重力环境下的一些特点来影响这个主过程的某些部分以及与该过程相关的一些过程, 却可以使这个主过程进行得更符合期望, 或改变它的进行速度, 或使这个主过程的某些内容冻结起来.

太空微重力资源的开发利用已在高新材料和药物制备等领域取得不少意料不到的实验成果. 随着航天技术水平的提高和航天事业规模的扩大, 这些领域中的若干项目有望率先实现太空试生产, 甚至工业化.

5.5 太空太阳能资源

太阳是太阳系的中心天体, 是一个处于动态平衡的炽热的气体球. 来自太阳中心产能区的巨大能量主要以电磁辐射、其次以粒子流的方式从太阳表面稳定地向外发射. 太阳辐射相当于温度为 5 770 K 的黑体辐射. 在地球稠密大气层之外、日 (太阳) – 地 (地球) 平均距离处的太阳辐射功率 (称为太阳常量) 为 1 353 W/m^2.

太阳能是地球上各种能量之源. 但是, 在地面每天大约只有一半的时间能接收到经过地球稠密大气层及其中的云层、尘埃、水汽等吸收、折射、散射和遮挡后强度减弱、波段受损的不完全的太阳能. 与此相比, 在太空中太阳能的时间利用率、强度和波段的完整性可显著地高于或好于地面上的太阳能. 例如, 沿地球静止轨道 (位于地球赤道平面上空、高度约 36 000 km 的圆形轨道, 参见十八) 运行的航天器, 每年有四分之三的时间会全天受到太阳光的照射, 在其余的四分之一时间里累计只有 3 天的时间处于地球的阴影区. 这就是说, 在地球静止轨道上太阳能的时间利用率高达 98%, 即那里的日照时间大约为地面日照时间的 2 倍.

太空太阳能的开发利用现仍处于为航天器提供电源的初级阶段. 要使太空太阳能成为地面能源的重要部分, 需要在地球静止轨道上兴建大型太阳能发电站 (太阳能卫星). 由这种卫星将接收到的太阳能转化成微波或激光能量向地面发射, 然后由地面接收站把接收到的微波或激光能量还原成电能. 这项工作现还处于研究之中.

5.6 月球资源

与神话传说和浪漫想象完全不同, 月球表面上既没有华丽宏伟的 "广寒宫", 又没有香飘千里的 "金桂树", 也没有伐树不息的力士 "吴刚", 更没有奔月神话中的 "嫦娥" 仙子, 而是一个既无生命、又无大气的万籁无声、满目荒凉的世界.

通过地面进行的长期观察和航天器进行的近旁

探测、实地考察表明,月球虽然表面满目疮痍、山峰遍布、有"海"无水、粉尘遍地,似乎是一片不毛之地,但却有可供利用的独特的信息资源、奇异的环境资源和丰富的物质资源.

月球在数十亿年前进入了地质宁静阶段后,月面形状仅有缓慢的局部变化.月面上保留着月球形成时的环境、条件和年代等方面的信息,无疑会对人类认识演化痕迹早已荡然无存、地质变化至今仍在生机勃勃进行的地球的早期历史有所裨益.研究古老的月球岩石和环形山,也许能为人类破解地球生命起源和物种绝灭等难题提供重要的线索.

月球的引力场较弱,月面处的月球引力加速度只有地面处的地球引力加速度的六分之一.月面昼夜时间很长 (各约半个月),温度变化剧烈.白昼,月面赤日当空,太阳直射点附近的温度可高达 400 K; 夜间,月面寒气逼人,温度可下降到 90 K.这些环境因素,使月面气体分子包括水汽分子比较容易逃逸到宇宙空间.故月面上既无大气又无水圈,处于近乎真空的状态.来自太阳和银河系的高能辐射和带电粒子以及陨星可以长驱直入地冲击月面.月面环境虽不适合生命存在,但对开展天文观察、进行材料科学和生命科学研究以及发射航天器却有一定的可取之处.

月球岩石中含有地壳内全部的元素和上百种矿物.月球土壤中,氧占 40%,硅占 20%,还含有钙、铝、铁、钛,并含有一定数量的氢.特别引人注目的是,月球土壤中含有地球上十分罕见的氦 −3(氦的同位素, 相对分子质量为 3, 其原子核中有 2 个质子和 1 个中子). 月球土壤中的氦 −3 来自太阳风. 太阳风是太阳表面源源不断地向四面八方抛出的高速带电的微粒流, 似从太阳持续地向外 "吹" 出的一股风, 故得名. 太阳风中各种粒子的质量比为氦 −3：氦 −4：氢：氮：碳 = 1：3 125：6 000：7 000：1 600. 氦 −3 是人类未来拟使用的清洁、安全、可控核聚变的两组分之一 (另一组分为氘——氢的同位素, 相对分子质量为 2, 其原子核中有 1 个质子和 1 个中子; 氦 −3 和氘聚变释放出的物质主要是比较容易防护的质子). 据估计, 整个月球表面层 (深度 3 m) 内的氦 −3 有 70 万 ~100 万 t, 甚至更多, 现今全世界每年的发电量只相当于 100 t 氦 −3 参与的核聚变所释放的能量. 由此足见, 月球物质资源的潜在价值何其巨大. 月球物质资源的开发利用至少要待几十年后月球基地成为现实后, 才能开始.

六、地球吸引力的近似公式

迄今所有的航天器都是在航天运载器的携带下从地面起飞、进入太空的, 而且除了少量的航天器外, 绝大多数航天器都是在地球相对于太阳的引力作用范围 (或称引力作用球, 其半径约为 93×10^4 km; 在此范围内可以不考虑太阳对航天器的吸引力) 内运动. 因此, 在讨论如何实现航天以及研究航天器的运动规律之前, 有必要对地球引力场有一定的了解.

地球表面的形态崎岖不平, 有陆地、海洋、湖泊、高山、丘陵、平原、盆地等, 但从宏观来看, 地球的形状大致为绕地轴的一个椭球体. 地球椭球体的半长轴 (赤道半径)R_1 约等于 6 378 km, 半短轴 (极半径)R_2 约等于 6 357 km, 扁率约等于 1/298.3, 平均半径 $R = (R_1^2 \cdot R_2)^{1/3}$ 约等于 6 371 km. 由此, 地球形状可近似地视作球心位于地心 O、半径等于地球平均半径 R 的正球体.

考虑到地球内部的物质必须保持动力平衡, 故除了极薄的地壳外, 地球内部各处的密度 ρ 可视作

地心距 r 的函数 (即地球内部密度呈球对称分布).

因此, 可以在地球为密度呈球对称分布的正球体的假定下, 讨论这种理想化的地球对其外部可视作质点的物体的吸引力, 并将其作为真实地球吸引力的一级近似. 对此问题 (以及后面各节讨论的问题) 我们将借助变量数学中最基础的知识直接 (指不涉及其他物理概念) 进行求解, 尽管这样做有时会显得烦琐.

牛顿 (Isaac Newton, 英国科学家, 1643—1727) 于 17 世纪 80 年代后半期确立的万有引力定律告诉我们, 宇宙万物之间存在相互吸引力, 两个可视作质点的物体之间相互吸引力的量值 (或大小) 与这两个物体的质量乘积成正比, 与它们之间距离的平方成反比, 相互吸引力的方向沿两个物体的连线并指向施力体.

下面, 我们具体求算上述理想化的地球 D 对其外部地心矢 r_S ($r_S \geqslant R$, 其中 r_S 为地心距, R 为地球半径) 处的质量为 m_S 的质点 S 的吸引力. 为简便起见, 采用如图 6–1 所示的直角坐标系 $Oxyz$ 和球坐标系 (r, θ, φ), 用 $\mathbf{i}, \mathbf{j}, \mathbf{k}$ 分别表示 Ox 轴、Oy 轴、Oz 轴方向的单位矢量, 其中 Oz 轴通过质点 S.

由图 6–1 可见

$$\mathbf{r}_S = r_S \mathbf{k}. \tag{6–1}$$

地球 D 内部地心距 r 处的点 d 的地心矢 $\mathbf{r}$ 为

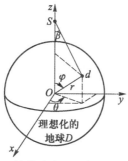

图 6-1　计算地球吸引力所用的坐标系

$$\boldsymbol{r} = r(\sin\varphi\cos\theta\boldsymbol{i} + \sin\varphi\sin\theta\boldsymbol{j} + \cos\varphi\boldsymbol{k}). \quad (6-2)$$

将地球 D 内部以点 d 为中心的体积微元 $r^2\sin\varphi\mathrm{d}\varphi\mathrm{d}\theta\mathrm{d}r$ 中的质量微元

$$\mathrm{d}m = \rho(r)r^2\sin\varphi\mathrm{d}\varphi\,\mathrm{d}\theta\mathrm{d}r$$

[这里 $\rho(r)$ 为地球内部地心距 r 处的密度] 集中到点 d 后对质点 S 吸引力的方向沿矢量 $\boldsymbol{L}_{Sd}$ (该矢量的大小记为 L_{Sd}):

$$\boldsymbol{L}_{Sd} = \boldsymbol{r}_d - \boldsymbol{r}_S$$
$$= r\sin\varphi\cos\theta\boldsymbol{i} + r\sin\varphi\sin\theta\boldsymbol{j} +$$
$$(r\cos\varphi - r_S)\boldsymbol{k}. \quad (6-3)$$

质点 S 受到质量微元 $\mathrm{d}m$ 的吸引力 $\boldsymbol{F}_{Sd}$ 的大小为

$$F_{Sd} = Gm_S\mathrm{d}m/L_{Sd}^2, \quad (6-4)$$

式中, G 为万有引力常量.

由余弦定理, $L_{Sd} = (r^2 + r_S^2 - 2rr_S\cos\varphi)^{1/2}$, 将其代入式 (6-4) 得

$$F_{Sd} = Gm_S\mathrm{d}m/(r^2 + r_S^2 - 2rr_S\cos\varphi). \quad (6-5)$$

27

令 β 为 $\boldsymbol{L}_{Sd}$ 与 $-\boldsymbol{k}$ 之间的夹角, 利用矢量的数量积公式可知

$$
\begin{aligned}
\cos\beta &= \boldsymbol{L}_{Sd} \cdot (-\boldsymbol{k})/L_{Sd} \\
&= (r_S - r\cos\varphi)/(r^2 + r_S^2 - 2rr_S\cos\varphi)^{1/2},
\end{aligned} \tag{6-6}
$$

这样, $\boldsymbol{F}_{Sd}$ 在 $-\boldsymbol{k}$ 方向上的投影等于

$$
\begin{aligned}
\boldsymbol{F}_{Sd} \cdot (-\boldsymbol{k}) = &Gm_S\mathrm{d}m(r_S - r\cos\varphi)/ \\
&(r^2 + r_S^2 - 2rr_S\cos\varphi)^{3/2}.
\end{aligned} \tag{6-7}
$$

根据地球 D 内部密度为球对称分布的特点, 质点 S 受到整个地球 D 的吸引力 $\boldsymbol{F}_{SD}$ 与 $(-\boldsymbol{k})$ 同向, 即与地心矢 $\boldsymbol{r}_S$ 的方向相反, $\boldsymbol{F}_{SD}$ 的大小 F_{SD} 可由 $\boldsymbol{F}_{Sd}\cdot(-\boldsymbol{k})$ 对整个地球求和得到, 即可由下列积分式求出:

$$
\begin{aligned}
F_{SD} = &Gm_S\int_0^R\int_0^{2\pi}\int_0^{\pi}\rho(r)r^2\sin\varphi[(r_S - r\cos\varphi)/ \\
&(r^2 + r_S^2 - 2rr_S\cos\varphi)^{3/2}]\mathrm{d}\varphi\mathrm{d}\theta\mathrm{d}r.
\end{aligned} \tag{6-8}
$$

作变量代换 $t = r\cos\varphi$, 积分

$$
\int_0^{\pi} r\sin\varphi[(r_S - r\cos\varphi)/(r^2 + r_S^2 - 2rr_S\cos\varphi)^{3/2}]\mathrm{d}\varphi
$$

$$
= \int_{-r}^{r}[(r_S - t)/(r^2 + r_S^2 - 2r_St)^{3/2}]\mathrm{d}t,
$$

再利用不定积分公式

$$
\int(a + bt)^{-\frac{3}{2}}\mathrm{d}t = -\frac{2}{b}(a + bt)^{-\frac{1}{2}} + C
$$

及

$$\int t(a+bt)^{-\frac{3}{2}}\mathrm{d}t$$
$$= \frac{2}{b^2}[(a+bt)^{\frac{1}{2}} + a(a+bt)^{-\frac{1}{2}}] + C,$$

就可求得此积分值为 $2r/r_S^2$, 将其代入式 (6-8) 得

$$F_{SD} = (2Gm_S/r_S^2)\int_0^R\int_0^{2\pi} r^2\rho(r)\mathrm{d}\theta\mathrm{d}r$$
$$= Gm_S\int_0^R 4\pi r^2\rho(r)\mathrm{d}r/r_S^2. \qquad (6-9)$$

式 (6-9) 中的定积分 $\int_0^R 4\pi r^2\rho(r)\mathrm{d}r$ 即为地球 D 的质量 M_D. 这样, 最终得到

$$F_{SD} = GM_D m_S/r_S^2 \quad (r_S \geqslant R) \qquad (6-10)$$

及

$$\boldsymbol{F}_{SD} = -(GM_D m_S/r_S^3)\boldsymbol{r}_S \quad (r_S \geqslant R). \qquad (6-11)$$

这就是说, 理想化的地球 D 对其外部任一可视作质点的物体的吸引力方向指向地心, 大小与一个位于地心、质量等于地球质量的质点对该物体吸引力的大小相等. 换言之, 对理想化的地球 D 外部的物体来讲, 地球的引力场与把整个地球浓缩于地心 (自然, 此时地心处的质量就等于地球的质量) 所产生的引力场 (称为地心引力场) 相同. 顺便提及, 上述这一结论对理想化地球内部的物体并不适用.

可以把上述结论推广到其他可视为密度呈球对称分布的正球形的天体, 即作为人造天体的航天器 (相对于地球或其他天体来讲, 它可视作质点), 在中心天体引力场中所受到的该中心天体的吸引力 $\boldsymbol{F}$ 近似地等于

$$\boldsymbol{F} \approx -(GMm/r^3)\boldsymbol{r} \quad (r \geqslant R), \qquad (6\text{–}12)$$

式中, G 为万有引力常量, M 为中心天体的质量, m 为航天器质量, r 为航天器与中心天体质心的距离, $\boldsymbol{r}$ 为从中心天体质心到航天器的矢量, R 为中心天体的球半径. 换言之, 对航天器来讲, 可以用中心天体质心的引力场 (指把中心天体的质量全部集中到其质心时所产生的引力场) 近似地表示中心天体的引力场.

七、地心引力场中航天器的
势能和机械能

    我们知道, 如果质量一定的质点所受到的一种力的大小和方向只取决于质点受力的位置, 同时这种力对质点所做的功只取决于质点移动时的始末(起讫) 两点的位置, 而与所取的路径无关, 这种力就称为有势力 (或称保守力). 使质点受到有势力作用的物质空间称为势力场 (或称保守力场). 重力、万有引力等为有势力, 重力场、万有引力场等为势力场.

    对于势力场, 可以用有势力对质点所做的功来度量该质点在势力场中的势能 U. 由于有势力对质点所做的功只和质点的起讫位置有关, 等于由质点起讫位置所决定的势能差, 故只有势能差才有确切的含义, 即势能只有相对意义. 为了确定质点在某位置处的势能值, 就要先选取零势能的位置 (这个位置可视需要选取), 然后求出质点在势力场作用下由某位置运动到零势能位置的过程中有势力对质点所做的功, 这个功就是质点在势力场中该位置处的势能.

对于重力场, 一般取地面处的重力势能为零值, 于是质点在高度 h 处的重力势能 U 就为

$$U = mgh, \tag{7-1}$$

式中, m 为质点的质量, g 为当地的重力加速度. 式 (7-1) 意味着, 若把一物体从地面移到高度 h 处, 需用外力克服重力做 mgh 的功, 也就是说赋予物体 mgh 的势能.

对于地心引力场, 虽然一般取无穷远处为地心引力势能的零值位置, 但本文取地球表面为地心引力势能的零值面. 这样, 质点在地心距为 r 处的地心引力势能 U 就为

$$U = -\int_r^R \frac{GMm}{r^3}(\boldsymbol{r} \cdot \mathrm{d}\boldsymbol{r}) = -GMm\int_r^R \frac{\mathrm{d}r}{r^2}$$
$$= GMm\left(\frac{1}{R} - \frac{1}{r}\right) \quad (r \geqslant R), \tag{7-2}$$

式中, G 为万有引力常量, M 为地球的质量, m 为质点的质量, $\boldsymbol{r}$ 为质点的地心矢, R 为地球半径.

根据上节的讨论, 对于处于地球外部的航天器来讲, 可以用地心引力场近似地描述真实地球的引力场. 由此, 在地球引力场中航天器的引力势能就近似地等于它在地心引力场中的引力势能, 其量值可以用式 (7-2) 计算, 只要将 r 和 m 分别改成航天器的地心距和质量即可.

求出了航天器在地心引力场中的势能, 航天器在地心引力场中运动时所具有的机械能 (动能与势

和)E 就为

$$E = \frac{1}{2}mV^2 + GMm\left(\frac{1}{R} - \frac{1}{r}\right), \qquad (7\text{–}3)$$

式中, V 为航天器相对于地心的运动速度. 令 h 为
航天器的高度 $(h = r - R)$, 式 $(7\text{–}3)$ 可写成

$$E = \frac{1}{2}mV^2 + GMm\left(\frac{1}{R} - \frac{1}{R+h}\right). \qquad (7\text{–}4)$$

　　质点机械能守恒定律告诉我们, 质点在只受到有
势力作用下运动时, 其动能与其在该势力场中的势能
之和保持不变. 这样, 若忽略大气阻力、地外天体
的吸引力以及太阳光压力 (按粒子说, 光由光子组成,
所以由光子组成的光正如由气体分子组成的气一样,
对物体产生压力), 航天器于地心引力场中做惯性飞
行时的机械能为常量 (这时航天器的质量也无变化).
现引入航天器比机械能 e 的概念, 它等于航天器的
机械能与航天器的质量之比值, 代表航天器单位质量
所具有的机械能. 由此, 在上述假定下, 航天器的比
机械能就为常量, 即

$$e = \frac{E}{m} = \frac{1}{2}V^2 + GM\left(\frac{1}{R} - \frac{1}{r}\right) = 常量. \quad (7\text{–}5)$$

八、航天速度与航天能量

　　人们早就认识到, 使航天器成为人造天体的关键在于赋予航天器巨大的速度 (更确切地说是赋予航天器巨大的机械能). 牛顿在其著作《自然哲学的数学原理》(成书于 1687 年) 开头部分"定义 5"(内容为有关向心力的定义) 中这样写道: "一个抛射物体, 如果没有引力牵引, 将不会回落到地球上, 而是沿直线向天空飞去, 如果没有空气阻力, 飞离速度是匀速的. 正是引力使其不断偏离直线轨道, 向地球偏转, 偏转的强弱, 取决于引力和抛射物的运动速度……如果用火药从山顶上发射铅弹, 给定其速度, 方向与地面平行, 铅弹将沿曲线在落地前飞行 2 英里; 同样, 如果没有空气阻力, 发射速度加倍或加到十倍, 则铅弹飞行距离也加倍或加到十倍. 通过增大发射速度, 即可以随意增加它的抛射距离, 减轻它的轨迹的弯曲度……甚至在落地之前环绕地球一周; 或者, 使它再也不返回地球, 直入苍穹太空而去, 做无限的运动." (参见 [英] 牛顿. 自然哲学的数学原理. 王克迪, 译. 北京: 北京大学出版社,

2006.) 由此看来, 牛顿所论述的"铅弹", 只要有足够大的初速度 (或者说只要有足够大的初始比机械能, 因为"铅弹"的初始势能是一个定值), 就可以变成环绕地球运动的人造"小卫星". 顺便提及, 牛顿虽然在上述著作中给出了我们熟悉的万有引力定律的文字表述, 但并未用数学公式将这个定律明确地写出来, 也没有具体给出"铅弹"需要多大的初速度才能环绕地球运动. 下面, 我们将把地球引力场视作为地心引力场以及在忽略大气阻力、地外天体的吸引力和太阳光压力等假定下, 讨论航天器需要具有多大的初始速度或初始比机械能才能遨游太空.

8.1 第一航天速度和航天能量

首先考察航天器环绕地球做半径 (即地心距) 等于 r 或高度等于 h ($h = r - R$, R 为地球半径) 的匀速圆周运动. 令 V_1 为该圆周运动的速度 $\boldsymbol{V}_1$ 的大小, 则该运动的向心加速度等于 V_1^2/r. 利用牛顿第二运动定律以及提供航天器做这种运动的向心力为地球对航天器的吸引力, 可得

$$G\frac{Mm}{r^2} = m\frac{V_1^2}{r}, \qquad (8\text{--}1)$$

式中, G 为万有引力常量, M 为地球的质量, m 为航天器的质量. 从式 (8–1) 可求出

$$V_1 = (GM/r)^{\frac{1}{2}} = [GM/(R+h)]^{\frac{1}{2}} \quad (r \geqslant R \text{或} h \geqslant 0),$$
$$(8-2)$$

式中，GM 称为地球引力常量，等于 $398\,600\ \mathrm{km^3/s^2}$.

将式 (8-2) 代入式 (7-5)，可求出航天器做这种运动时所具有的比机械能 e_1 为

$$
\begin{aligned}
e_1 &= \frac{GM}{R}\left(1 - \frac{R}{2r}\right) \\
&= \frac{GM}{R}\left[1 - \frac{R}{2(R+h)}\right] \quad (r \geqslant R \text{或} h \geqslant 0).
\end{aligned}
$$
$$(8-3)$$

这就是说，只有当航天器的速度方向与地心矢垂直、大小等于 $(GM/r)^{\frac{1}{2}}$ 或 $[GM/(R+h)]^{\frac{1}{2}}$ 且航天器的比机械能为 $\dfrac{GM}{R}\left(1 - \dfrac{R}{2r}\right)$ 或 $\dfrac{GM}{R}\Big[1 - \dfrac{R}{2(R+h)}\Big]$ 时，航天器才能环绕地球做半径等于 r 或高度等于 h $(h = r - R)$ 的圆周运动. 一般称，$V_1 = (GM/r)^{\frac{1}{2}}$ 为航天器以地心距 r 环绕地球做 (匀速) 圆周运动的环绕速度，$e_1 = \dfrac{GM}{R}\left(1 - \dfrac{R}{2r}\right)$ 为航天器以地心距 r 环绕地球做圆周运动的环绕能量. 表 8-1 给出了 V_1 和 e_1 随 r 或 h 的变化情况.

从式 (8-2)、式 (8-3) 和表 8-1 可见，V_1 随 r 或 h 的增加而减小，但 e_1 随 r 或 h 的增加而变大.

这就是说, 航天器环绕地球做圆周运动的半径或高度愈大, 虽然其速度会减小, 但其比机械能却增加.

表 8-1　　环绕速度和环绕能量的变化情况

r/km	6 371	6 571	6 871	7 371	11 371	16 371	42 371	∞
h/km	0	200	500	1 000	5 000	10 000	36 000	∞
V_1 /(km·s^{-1})	7.910	7.789	7.617	7.354	5.921	4.934	3.067	0
e_1 /(km^2·s^{-2})	31.28	32.23	33.56	35.52	45.04	50.39	57.86	62.56

通常, 我们把地球表面处 ($h=0$ km) 的环绕速度称为第一宇宙速度, 其值等于 7.910 km/s; 把地球表面处的环绕能量称为第一宇宙能量, 其值等于 31.28 km^2/s^2. 考虑到太空下界的高度为 100 km 左右, 沿地球表面环绕地球运动以及从地面出发时的初速度就如此之大, 仅是一种虚拟的情况, 因此把第一宇宙速度和第一宇宙能量分别称为第一虚拟航天速度和第一虚拟航天能量似更确切. 这两个量虽能使我们对航天飞行所需的速度和比机械能的大小有一个定量的了解, 但实用价值却并不太大, 有时甚至会对航天所需的速度和能量产生不同程度的误解.

由于航天器实际运行轨道的近地点高度一般不会低于 200 km (近地点高度过低, 轨道寿命就很短), 因此计算出以 200 km 高度环绕地球做圆周运动的航天器所具有的速度大小和比机械能就更具有实用价值, 不妨把它们分别称为第一实用航天速度 (其值为 7.789 km/s) 和第一实用航天能量 (其值为垂直.

　　顺便指出, 如果运动起始点的速度 V (方向与当地的地心矢垂直) 小于 V_1, 只要 V/V_1 不小于 $[2R/(r+R)]^{1/2}$, 可利用 §16.4 给出的式 (16–17) 和式 (16–18) 得知, 航天器将沿一条以运动起始点为远地点 (其地心距为 r) 的椭圆轨道运动.

8.2　第二航天速度和航天能量

　　如果进一步增大航天器在地心距 r 处 (不妨将该处视为运动的起始点) 的速度 $\boldsymbol{V}$ (方向与当地的 $\boldsymbol{r}$ 垂直), 使其量值 V 大于 V_1, 那么航天器在地心距 r 处做圆周运动的条件就遭到破坏. 此时地球对航天器的吸引力不足以提供使航天器环绕地球做地心距为 r、速度大小为 V 的圆周运动所需的向心力, 即航天器所受的惯性离心力大于它所受的地球吸引力, 从而航天器的地心距有增大的趋势, 航天器将沿一条以地心为一个焦点、以运动起始点为近地点的椭圆轨道运动. 当 V 增大到

$$V_2 = \sqrt{2}V_1 = (2GM/r)^{\frac{1}{2}} \quad (r \geqslant R) \qquad (8\text{–}4)$$

时, 航天器所具有的动能 $\frac{1}{2}mV_2^2 = GMm/r$ 将足以抵消航天器在飞到距地心无穷远的过程中地球吸引力对它所做的功, 这个功等于 $-GMm/r$. 此时, 航天器将沿一条以地心为焦点、以运动起始点为近地点的抛物线轨迹飞离地球的引力场. 与 V_2 相应的

天器将沿一条以地心为焦点、以运动起始点为近地点的抛物线轨迹飞离地球的引力场. 与 V_2 相应的航天器的比机械能 e_2 为

$$e_2 = GM/R \quad (r \geqslant R), \qquad (8\text{--}5)$$

它等于 e_1 在 $r \to \infty$ 时的极限值.

V_2 和 e_2 分别为航天器从地心距为 r 处的地点出发, 能飞离地球引力场所必具的最小速度 (最小初始速度) 和最小比机械能, 分别称为该地心距 r 处的逃逸速度和逃逸能量 (这里的逃逸指飞离地球引力场). 通常, 我们把地球表面处的逃逸速度称为第二宇宙速度 (其值等于 11.19 km/s), 把地球表面处的逃逸能量称为第二宇宙能量 (其值等于 62.56 km²/s²). 如同前面已讲过的理由, 不妨将第二宇宙速度和第二宇宙能量分别称为第二虚拟航天速度和第二虚拟航天能量, 并将 200 km 高度处的 V_2 (其值等于 11.02 km/s) 和 e_2 (其值也等于 62.56 km²/s²) 分别称为第二实用航天速度和第二实用航天能量.

从式 (8–4) 及式 (8–5) 可见, V_2 随 r 或 h 的增加而减小, 但 e_2 与 r 或 h 无关. 这就是说, 航天器不论是从地球表面出发, 还是从近地空间的某个位置出发, 只要它具有的比机械能不小于第二宇宙 (或航天) 能量, 它就能飞离地球引力场. 与环绕速度必定与当地的地心矢垂直不同, 逃逸速度的方向在一定程度上可以是任意的 (但应不指向地球).

8.3 第三航天速度和航天能量

当航天器在地心距为 r 处的速度 V 的量值大于该处的逃逸速度 V_2 时, 航天器将沿一条以地心为一个焦点的双曲线 (其中的一叶) 轨迹飞离地球引力场. 在速度的量值 V 足够大时 (还要满足其他一些相关条件), 航天器甚至还会飞出太阳系 (此时航天器就成为航宇器了).

如同航天器只有具备逃逸地球的能量才能飞离地球引力场, 航天器要飞出太阳系必须在其脱离地球引力场时还具有足够的相对于太阳中心运动的动能, 以便能抵消它飞到距太阳无限远的过程中太阳吸引力对它所做的功.

地球环绕太阳的平均速度量值为 29.76 km/s. 在假定太阳引力场可近似地视为日心引力场时, 某一定日心距处的逃逸 (太阳系) 速度量值也等于以该日心距环绕太阳做圆周运动的环绕 (太阳的) 速度量值的 $\sqrt{2}$ 倍 [参见式 (8–4)]. 这样, 在地球绕太阳的公转轨道上, 逃逸 (太阳系) 速度量值就为 $\sqrt{2} \times 29.76$ km/s=42.09 km/s (这里的速度为相对于太阳中心的运动速度). 如果航天器脱离地球引力场时相对于地心的运动速度方向与地球绕太阳公转的速度方向一致, 那么就可以充分利用这个公转速度, 只需航天器脱离地球引力场时相对于地心的速度大小为 (42.09–29.76)km/s= 12.33 km/s. 自然, 这并不是说, 航天器在地心距 r 处只要具有 12.33 km/s 大小的初速度就可以飞离太阳系了. 因为, 航天器首先至少要具有 $\frac{1}{2}V_2^2$ 的比动能 (这里 V_2 为当地逃逸速度, $V_2 = (2GM/r)^{\frac{1}{2}}$) 才能克服地球吸引力对它的束缚, 飞离地球引力场. 这样, 如果使航天器在地心距 r 处具有比动能 $\left(\frac{1}{2}V_2^2 + \frac{1}{2} \times 12.33^2 \text{ km}^2/\text{s}^2\right)$, 或使航天器的速度量值为

$$V_3 = (V_2^2 + 12.33^2 \text{ km}^2/\text{s}^2)^{\frac{1}{2}}$$

$$= (2GM/r + 12.33^2 \text{ km}^2/\text{s}^2)^{\frac{1}{2}}, \qquad (8\text{--}6)$$

并使该速度的方向能保证航天器飞到地球引力场之外时的速度方向与地球绕太阳的公转方向相同, 那么航天器就能够飞出太阳引力场.

上述这样一次加速法确定的 V_3 要比分两次给航天器加速——首先使航天器在地心距 r 处达到该处的逃逸速度 V_2, 待航天器飞出地球引力场时, 再使航天器在当地的公转方向上的速度从 0 km/s 变为 12.33 km/s——所需的能量来得少. 因为这样的两次加速需使航天器的速度量值增加 ($V_2 + 12.33 \text{ km/s}$), 大于上述一次加速所需的量值 V_3 [见 (8–6) 式].

V_3 是航天器从地心距 r 处出发飞离太阳系所必具的最小速度. 与此相应的比机械能

$$e_3 = e_2 + \frac{1}{2} \times 12.33^2 \text{ km}^2/\text{s}^2$$

$$= (62.56 + 76.01) \text{ km}^2/\text{s}^2$$

$$= 138.57 \text{ km}^2/\text{s}^2$$

是航天器从地心距 r 处出发飞离太阳系所必具的最小能量, 它为第一宇宙能量 (或第一虚拟航天能量) 的 4.43 倍, 为第一实用航天能量的 4.30 倍. 由此可见, 虽然 V_3 随 r 的增大而减小, 但不论航天器从地球引力场中何处出发, 其逃逸太阳引力场所需的最小比机械能总是相同的.

通常, 我们把地球表面处的 V_3 称为第三宇宙速度 (其值等于 16.65 km/s), 把地球表面处的 e_3 称为第三宇宙能量 (其值等于 138.57 km²/s²). 与前面相同, 不妨把地球表面处的 V_3 和 e_3 分别称为第三虚拟航天速度和第三虚拟航天能量, 并将 200 km 高度处的 V_3 (其值等于 16.54 km/s) 和 e_3 (其值也等于 138.57 km²/s²) 分别称为第三实用航天速度和第三实用航天能量.

上面给出的三种 (虚拟或实用) 的航天能量, 决定了航天器运动的本质差异. 从实用角度来讲, 只有当航天器的比机械能不小于第一实用航天能量时, 它才有可能 (取决于起始速度的方向) 成为在太空中做非短暂遨游的人造天体. 当航天器的比机械能大于第一实用航天能量又小于第二实用航天能量时, 它才有可能或沿圆形轨道或沿椭圆形轨道环绕地球运动. 当航天器的比机械能等于第二实用航天能量时, 它才有可能沿抛物线轨迹飞离地球引力场. 当航天器的比机械能达到第三实用航天能量且其他一些相关条件得到满足时, 它才有可能飞出太空到星空中遨游. 图 8-1 示意性地绘出航天器从地心距 r 处出发后的飞行轨迹随初始速度 (方向与地心矢垂直) 大小而变化的情况.

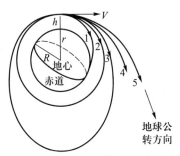

图 8-1 航天器飞行轨迹随初始速度大小的变化

1— $V < V_1 \left(\dfrac{2R}{r+R} \right)^{\frac{1}{2}}$ 将落回地面;

2— $V = V_1$ 为圆形轨道;

3— $V_2 > V > V_1$ 为椭圆轨道;

4— $V = V_2$ 将沿抛物线轨道飞离地球引力场;

5— $V = V_3$ 将沿双曲线轨迹飞离地球引力场后还会飞离太阳引力场

九、火箭发动机的推力公式

使航天器具有在太空轨道上运动所需要的能量, 即便利用性能先进的大炮或飞机也是办不到的, 在现今的技术条件下只能借助于不依赖大气、又能提供强大动力 (推进力) 的现代火箭发动机.

火箭发动机是一种本身携带推进剂 (工作介质), 并能使推进剂含有的化学能或来自其他能源的能量 (如太阳能、核能) 最大限度地转化成推进剂的动能, 依靠推进剂向外排出产生反作用力 (推力) 的发动机. 装有火箭发动机的飞行器, 称为火箭式飞行器 (简称火箭). 用来运载航天器的火箭, 称为航天运载器. 迄今, 航天运载器都是使用现代化学火箭发动机作推进发动机的火箭式飞行器.

化学火箭发动机释放的能量源于推进剂的化学反应. 根据推进剂的形态, 化学火箭发动机分为液体推进剂火箭发动机、固体推进剂火箭发动机以及固体推进剂和液体推进剂混合式火箭发动机. 这种发动机产生推力的部件为由燃烧室和喷管组成的推力室, 图 9–1 为火箭发动机推力室的示意图. 推力室用来把推进剂的化学能转化成燃气的动能, 其能量转化分两步进行: 首先, 推进剂在燃烧室内经燃烧反应或催化反应将其含有的大部分化学能转化为反应生成物 (燃气) 的热能和压力势能; 然后, 高温高压燃气通过喷管膨胀加速, 使燃气所含有的相当大部分的热能和压力势能转化为燃气的动能.

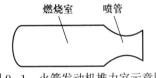

图 9–1 火箭发动机推力室示意图

当高速高温燃气从喷管出口截面喷射出去时, 基于燃气对火箭的反作用, 就使火箭获得了一个与燃气喷射方向相反的推力.

推力 $\boldsymbol{P}$ 的量值 P 标志火箭发动机能力的大小. 从受力角度来看, $\boldsymbol{P}$ 为作用于推力室内、外表面所有气体压力的合力, 即

$$\boldsymbol{P} = \boldsymbol{P}_b + \boldsymbol{P}_a, \qquad (9\text{--}1)$$

$$\boldsymbol{P}_b = \int_F p_b \boldsymbol{n}\,\mathrm{d}f, \qquad (9\text{--}2)$$

$$\boldsymbol{P}_a = -\int_F p_a \boldsymbol{n}\,\mathrm{d}f, \qquad (9\text{--}3)$$

式中, $\boldsymbol{P}_b$ 和 $\boldsymbol{P}_a$ 分别为推力室内表面所受燃气压力的合力和推力室外表面所受大气压力的合力, p_b 为燃气的压强, p_a 为当地大气的压强, $\boldsymbol{n}$ 为推力室 (假定为薄壳结构) 壁面微元 $\mathrm{d}f$ 外法线方向的单位矢量, F 为整个推力室的壁面 (不计厚度).

由于作用在推力室外表面上的大气压强可视作相同, 故

$$\boldsymbol{P}_a = -p_a S_e \boldsymbol{i}, \tag{9-4}$$

式中, S_e 为喷管出口截面面积, $\boldsymbol{i}$ 为单位矢量 (垂直于喷管出口截面, 指向喷管内部).

　　上述计算 $\boldsymbol{P}_a$ 的方法不适用于计算作用在推力室内表面上的燃气压力的合力 $\boldsymbol{P}_b$. 一方面推力室内表面上燃气的压强与所在位置有关, 并非常量; 另一方面难以理论确定或试验测定推力室内表面上的燃气压强. 为此, 我们必须另辟他途.

　　下面, 我们以燃气作为研究对象, 利用质点的冲量定理给出计算 $\boldsymbol{P}_b$ 的实用公式.

　　令 q 代表燃气的质量流量, 则在 $\mathrm{d}t$ 时间内从喷管喷出的燃气质量为 $q\mathrm{d}t$. 又设喷管出口截面处燃气相对于火箭的速度——喷气速度 $\boldsymbol{W}$ 的大小为 W、方向与 $-\boldsymbol{i}$ 相同. 这样, 相对于火箭而言, 在 $\mathrm{d}t$ 时间内这部分燃气的动量变化就为 $-Wq\mathrm{d}t\boldsymbol{i}$.

　　另一方面, 根据牛顿第三运动定律 (即作用与反作用定律), 燃气作用于推力室内表面一个力 $\boldsymbol{P}_b$, 则推力室内表面也就给燃气一个反作用力 $-\boldsymbol{P}_b$. 推力室内的燃气除了受到力 $-\boldsymbol{P}_b$ 的作用外, 还要受到喷管出口截面处燃气压力所产生的合力 $p_e S_e \boldsymbol{i}$ 的作用 (这里, p_e 为出口截面处燃气的压强). 由此, 推力室内的燃气所受到的外力就是上述这两个力之和, 即为 $-\boldsymbol{P}_b + p_e S_e \boldsymbol{i}$. 该外力在 $\mathrm{d}t$ 时间内对燃气产生的冲量就为 $(-\boldsymbol{P}_b + p_e S_e \boldsymbol{i})\mathrm{d}t$.

把质点的冲量定理 (质点的动量在一段时间内的变化量, 等于作用在质点上的力在该段时间内的冲量) 应用于喷出的燃气, 就得到

$$-Wq\mathrm{d}t\boldsymbol{i} = (-\boldsymbol{P}_b + p_e S_e \boldsymbol{i})\mathrm{d}t, \qquad (9\text{--}5)$$

即

$$\boldsymbol{P}_b = (Wq + p_e S_e)\boldsymbol{i}. \qquad (9\text{--}6)$$

将式 (9–4)、式 (9–6) 代入式 (9–1) 后有

$$\boldsymbol{P} = [Wq + (p_e - p_a)S_e]\boldsymbol{i}. \qquad (9\text{--}7)$$

从式 (9–7) 可见, 火箭发动机推力的方向垂直于喷管出口截面, 并指向喷管内部; 推力的量值不仅取决于喷气速度量值和燃气质量流量的乘积, 而且还受到喷管出口截面积以及喷管出口截面处的燃气压强和火箭发动机工作环境的大气压强的影响. 增大推力的主要途径是增加燃气质量流量、提高喷气速度.

从式 (9–7) 还可看到, 随火箭飞行高度的增加, p_a 值减少, 推力的量值会有所提高. 从海平面到真空 (此处 $p_a = 0$), 推力量值的增加约为 12%~18%(液体推进剂火箭发动机) 或 10%~15% (固体推进剂火箭发动机).

引入有效喷气速度 $\boldsymbol{W}_{\mathrm{ef}}$, 其方向与 $\boldsymbol{W}$ 相同, 量值为

$$W_{\mathrm{ef}} = W + (p_e - p_a)S_e/q, \qquad (9\text{--}8)$$

则式 (9–7) 可改写成

$$P = W_{ef}qi. \qquad (9\text{--}9)$$

用 $\overline{W}_{ef}$ 表示 W_{ef} 的平均值. $\overline{W}_{ef}$ 即为火箭发动机的比冲 (单位质量推进剂平均产生的冲量), 是火箭发动机的重要性能指标之一.

根据火箭发动机理论, 比冲主要取决于喷射物质 (即推进剂) 所含能量的高低, 在一定程度上也与发动机设计的合理性和结构的完善性有关. 换言之, 比冲表明单位质量推进剂所含的能量. 提高比冲的根本途径是采用高能推进剂, 其次还要正确地设计喷管, 使推进剂燃烧后产生的高温高压燃气所含有的热能和压力势能可以更大限度地转化成燃气的动能.

十、火箭运动方程

火箭在主动段 (即推进发动机工作期间) 飞行过程中, 随着燃气的不断喷出, 火箭的质量不断减小. 在此期间, 火箭是一个变质量的物体, 火箭的运动是一个变质量物体的运动.

下面我们把火箭视作一个质量可变的质点 (变质量质点), 考察它在某惯性参考系中的运动. 为此, 把火箭和喷出的燃气合在一起当作质点系, 利用质点系的冲量定理 (质点系的动量在一段时间内的变化量, 等于作用于质点系的外力在该段时间内的冲量), 导出火箭的运动方程.

设任一瞬间 t, 物系 (火箭) 的质量为 $m(t)$, 其相对于某一惯性参考系的速度为 $\boldsymbol{V}$; 喷出的燃气在喷管出口截面处的压强为 p_e, 其相对于火箭的速度为 $\boldsymbol{W}$ (其量值为 W, 方向与 $-\boldsymbol{i}$ 相同, $\boldsymbol{i}$ 为垂直于喷管出口截面、指向喷管内部方向的单位矢量). 按定义, 燃气质量流量 q 与火箭质量 $m(t)$ 的关系为

$$q = -\mathrm{d}m/\mathrm{d}t. \qquad (10\text{--}1)$$

在 $t+\mathrm{d}t$ 时刻, 物系的质量分成两部分: 火箭的

质量 $m - q\mathrm{d}t$ 和燃气的质量 $q\mathrm{d}t$, 它们相对于所取惯性参考系的速度分别为 $V + \mathrm{d}V$ 和 $V + \mathrm{d}V + W$.

这样, 在 $\mathrm{d}t$ 时间内物系的动量变化 (忽略二阶微量) 就为 $m\mathrm{d}V - Wqi\mathrm{d}t$.

令 F_i 为作用于火箭上的诸外力, 再考虑到 p_e 和大气压强 p_a 的差异还会产生对火箭的附加作用力 $(p_e - p_a)S_e i$, 则在 $\mathrm{d}t$ 时间内作用于物系上的冲量就为

$$[\Sigma F_i + (p_e - p_a)S_e i]\,\mathrm{d}t.$$

由此, 根据质点系的冲量定理即得

$$m\mathrm{d}V/\mathrm{d}t = \Sigma F_i + [Wq + (p_e - p_a)S_e]i, \quad (10\text{--}2)$$

利用推力公式 (9–7), 式 (10–2) 可写成

$$m\mathrm{d}V/\mathrm{d}t = \Sigma F_i + P. \qquad (10\text{--}3)$$

式 (10–3) 就是主动段飞行期间火箭 (视作质点) 运动的基本方程, 它表示火箭质量与加速度的乘积等于作用在其上的外力与反作用推力的矢量和. 换言之, 如果把火箭发动机的反作用推力视为一种施加于火箭的外力, 那么对常质量质点适用的牛顿第二运动定律同样可用来研究火箭这种变质量物体的运动.

十一、单级火箭的理想速度公式

在不计天体吸引力和大气作用力等外力的理想情况下, 火箭主动段飞行期间作用于火箭上的力只有推进发动机的推力 $\boldsymbol{P}$. 这时, 火箭的运动方程式 (10–3) 就简化成

$$m\mathrm{d}\boldsymbol{V}/\mathrm{d}t = \boldsymbol{P}, \qquad (11\text{–}1)$$

式中, m 为火箭的质量, 是时间 t 的函数; $\boldsymbol{V}$ 为火箭相对于某惯性参考系的速度, 其量值记为 V.

利用有效喷气速度 $\boldsymbol{W}_{\mathrm{ef}}$ (其大小 W_{ef} 取真空环境下的量值) 并注意到式 (9–9) 和式 (10–1), 可将式 (11–1) 改写成

$$m\mathrm{d}\boldsymbol{V}/\mathrm{d}t = -W_{\mathrm{ef}}\mathrm{d}m/\mathrm{d}t\boldsymbol{i}, \qquad (11\text{–}2)$$

这里, $\boldsymbol{i}$ 为喷管出口截面内法线方向 (指向喷管内部) 的单位矢量.

在推进发动机的推力作用线通过火箭质心、火箭绕其质心转动的初始角速度为 0 时, 火箭的姿态

相对于惯性参考系保持不变, 即 i 的指向不变. 这时, 将式 (11–2) 积分可得

$$V - V_0 = W_{ef}\ln(m_0/m)i, \qquad (11–3)$$

式中, m_0 和 V_0 分别为主动段起点 (即推进发动机工作开始时刻 t_0) 的火箭质量和速度.

如果火箭的初始速度 V_0 与 i 同向, 则可将矢量形式的式 (11–3) 改写成标量形式:

$$V - V_0 = W_{ef}\ln(m_0/m), \qquad (11–4)$$

式中, V_0 为 V_0 的量值.

在主动段终点 (即推进发动机工作结束时刻 t_k), 火箭的质量 $m_k = m_0 - m_p$ (这里, m_p 为推进剂的工作质量, 即在推进发动机工作期间所消耗的推进剂的质量), 火箭速度 V_k 则由下式决定:

$$V_k - V_0 = W_{ef}\ln(m_0/m_k). \qquad (11–5)$$

上面这个标量形式的公式 (11–5) 就是单级火箭的理想速度增量公式 (通常简称为火箭的理想速度公式). 式 (11–5) 表明, 单级火箭在推进发动机作用下所能获得的理想速度增量, 与推进发动机在真空环境下工作时的有效喷气速度 W_{ef} 成正比, 与火箭的质量比 m_0/m_k 的自然对数值成正比.

在火箭质量比相同的情况下, 有效喷气速度越大, 火箭理想速度增加越快. 增大 W_{ef} 的主要途径在于选用高能推进剂和提高推力室的能量转化效率. 同样, 在有效喷气速度相同的情况下, 火箭质

量比越大, 火箭理想速度的增加越快. 增大 m_0/m_k 的主要途径是使火箭的结构更为完善和先进, 以减轻火箭本身的结构质量, 从而能装载更多的推进剂.

火箭的理想速度公式虽然不完全符合火箭飞行的实际情况, 但能给出推进发动机工作使火箭速度量值增加的上限. 理想速度公式形式简单, 便于估算火箭的速度, 分析火箭的飞行特性. 因此, 它是火箭飞行中的一个重要的、有代表性的公式. 特别是, 火箭的理想速度公式还催生了发展多级火箭的新概念, 为人类实现长久以来就有的航天梦指出了一条现实可行的途径.

谈到火箭的理想速度公式, 不能不提到率先提出这一公式的航天先驱——К.Э.齐奥尔科夫斯基 (1857—1935, 图 11-1).

图11-1　К.Э.齐奥尔科夫斯基

这位被人们誉为"航天之父"的俄国和苏联的科学家齐奥尔科夫斯基是自学成才的楷模. 他出生

于偏僻农村, 父亲护林, 母亲种地, 10 岁时因猩红热失去听力而辍学. 此后, 他用了 5 年时间自学了中学课程, 并于 16 岁时只身来到莫斯科市想上学深造. 由于没有一所大学愿意接收他这样半聋、又没有正式中学毕业文凭的年轻求学者, 他只得继续走自学的道路. 每逢当地的公共图书馆 (即后来的国立列宁图书馆) 的开门日, 他总是清晨第一个入馆, 傍晚最后从馆中离开, 如饥似渴地阅读书籍杂志. 在这座不收费的"大学"里, 他不仅学习了高等数学、物理学和天文学等理科知识, 还阅读了哲学、历史学等人文科学图书. 为了巩固从书本上学到的知识, 他还亲自做实验. 凭着他父亲寄给他仅够糊口之用的生活费, 他节衣缩食, 在清贫中顽强地坚持自学.

三年多半饥半饱的艰苦生活和夜以继日的刻苦学习, 使他变得面无血色、骨瘦如柴, 他只得被他父亲接回家中休养. 在此期间, 他开始考虑能否发明一种机器, 用它升到地球稠密大气层之外飞行的问题. 年仅 21 岁的齐奥尔科夫斯基已经把他的思维伸展到太空之中, 对人造地球卫星进行了构想. 此后, 他在通过了教师资格考试后, 于 1879 年开始任中学教师, 一边向学生传授数学、物理知识, 一边继续进行科学研究.

齐奥尔科夫斯基进行科学研究的兴趣广泛, 研究的项目包括飞机、可操纵的金属气球、实验空气动力学、无引力空间等. 从 1883 年起, 他认真研究宇宙航行问题, 探讨利用喷气 (火箭) 发动机实现这种飞行的可能性, 并与伊凡·华西里耶夫斯基·米谢尔斯基教授 (1859—1935, 俄国和苏联的机械专家) 共同探讨了火箭这种可变质量的物体运动问题, 成功地用数学方式系统地表示出火箭的运动. 在航天对动力的要求这个问题上, 齐奥尔科夫斯基作出了重大贡献. 他提出了第一宇宙速度、第二宇宙速度及第三宇宙速度的概念, 并对它们作了精确的计算. (参见钱学森. 星际航行概论. 北京: 中国宇航出版社, 2008.)

在齐奥尔科夫斯基青年时代, 航天 (当时称为宇宙航行) 还只是一个演讲题目或科学畅想. 但他却从二三十岁时就热心于这项当时看似枉然的研究工作, 经过深入研究 (参见图 11-2), 他于 19 世纪与 20 世纪之交写出了名为《利用喷气仪器研究宇宙空间》的著作. 在这部于 1903 年、 1911 年分两次发表完毕的著作中, 齐奥尔科夫斯基提出了后来

图 11-2　1897 年齐奥尔科夫斯基推导的火箭运动
速度的基本公式

以他名字命名的火箭理想速度公式, 肯定了液体推进剂火箭发动机是最适宜的航天动力装置, 从而为航天运载器的发展指明了方向.

齐奥尔科夫斯基还是最早从理论上阐述可以用多级火箭来克服地球吸引力的桎梏而进入太空的科学家. 他在 72 岁高龄时撰写的《宇宙火箭列车》的论文中, 提出了用多个火箭组成火箭列车穿过地球稠密大气层到太空中飞行的思想, 为人类指出了挣脱地球吸引力束缚、实现遨游太空的可能性.

齐奥尔科夫斯基多年从事航天理论研究, 力图"把不能变成可能". 1911 年, 他在给友人的一封信函中展望了人类的航天前景: "地球是人类的摇篮, 但人类不会永远停留在地球上. 为了追求光明和空间, 人类开始要小心翼翼地飞出 (地球稠密) 大气层, 然后再征服整个太阳系."

1919 年, 齐奥尔科夫斯基被选为苏联社会主义研究院 (后改称科学院) 院士. 1935 年 9 月, 这位航天先驱与世长辞, 终年 78 岁. 在他的陵墓上耸立着一个高大而端庄、形似火箭的纪念碑, 碑身上刻着齐奥尔科夫斯基的名言: "人类不会永远停留在地球上……."

1957 年 10 月 4 日, 即在齐奥尔科夫斯基诞辰 100 周年后的两个多星期, 苏联成功发射了世界上第一颗人造地球卫星 (图 11–3). 齐奥尔科夫斯基的预言开始变成现实.

图 11-3　世界上第一颗人造地球卫星的外形

　　齐奥尔科夫斯基关于航天要依靠现代火箭 (以发动机喷气速度量值大或比冲高、质量比大为主要标志)、液体火箭 (使用液体推进剂火箭发动机做推进发动机的火箭)、多级火箭等卓有远见的科学论断, 不仅大大缩短了人类实现航天的进程, 而且对于现今航天的发展仍然具有指导意义.

　　在航天先驱中, 我们还应提到美国物理学家、火箭专家 R.H. 戈达德 (Robert Hutchings Goddard, 1882—1945) 的事迹和贡献. 他 1908 年大学毕业, 1911 年获物理学博士学位, 1914 年开始从事火箭理论和试验研究, 1919 年开始任物理学教授. 他在 1919 年发表的《到达极大高度的方法》的论文中, 阐述了火箭运动的基本数学原理, 讨论了用现代火箭把载荷送往月球的可能方案. 在航天先驱中, 把理论研究和工程实践较好地结合起来的人, 当数戈达德. 他从 1920 年开始研究液体火箭, 一边在大学任教, 一边利用业余时间进行液体推进剂火箭发动机的研制.

前面讲过，齐奥尔科夫斯基首先从理论上指出了液体火箭是最适宜的航天运载工具，但限于经济和技术等方面的原因，身居俄国的他并不具备率先研制出液体推进剂火箭发动机的条件。与此不同，戈达德则负责研制出世界上第一枚能飞行的液体火箭。

1926 年 3 月 26 日，戈达德成功地进行了世界上第一枚液体火箭的飞行试验 (图 11–4)。作为现代火箭第一个工程研制成果而垂青航天史册的这枚火箭长度只有 3.04 m，由 1 台长 0.5 m 的液体推进剂 (汽油和液氧，理论地面比冲约 2 600 m/s) 火箭发动机推力室和 2 个推进剂贮箱等组成，发射架仅

图 11–4 戈达德和世界上第一枚液体火箭

是一个简陋的铁架子。试验时，这枚火箭在向上飞行了 12 m 后拐向水平方向又飞行了 56 m，发动机工作时间仅 2.5 s。试验成功后，戈达德激动地说："这一下，我创造了历史！"

戈达德负责研制、发射的这枚火箭, 按现在的眼光看仅是一枚小型无控制火箭, 但他的确创造了历史. 如果说齐奥尔科夫斯基用火箭的理想速度公式这把"金钥匙"为人类开启了航天的大门, 用有关航天必须使用现代火箭、使用什么样的现代火箭等卓越见解从理论上为人类指出了实现航天之路, 那么就可以说戈达德是世界上第一个进入航天大门、迈上航天之路的敢于吃"航天这个大螃蟹"的勇士. 戈达德的实践表明液体火箭技术是完全可以突破的, 液体火箭研制是完全可以成功的, 从而也就使人们看到航天大门内闪露出航天定会实现的第一缕曙光.

戈达德在美国被誉为"火箭之父". 现今, 美国国家航空航天局 (NASA) 所属的戈达德宇航研究中心就是为纪念他而命名的. 在那里, 立有一块纪念碑, 碑上刻有戈达德中学毕业时演讲里的一句话: "很难说什么是可能, 昨天的梦想就是今天的期望、明天的现实."

十二、多级火箭的理想速度公式

现代化学火箭发动机在真空中工作时的有效喷气速度或比冲位于 2 500~5 000 m/s (液体推进剂火箭发动机) 或 2 500~3 000 m/s (固体推进剂火箭发动机). 在使用一般的液体推进剂时, 发动机真空喷气速度的上限约 3 000 m/s. 高性能的液氢、液氧发动机的真空喷气速度一般可达 4 500 m/s, 甚至可达 4 750 m/s (采用与平常火箭发动机那种钟形扩张式喷管不同的塞式喷管, 塞式喷管指几个小喷管沿一个中心截锥体的四周排列, 因截锥体形似瓶塞而得名). 对于现代液体火箭来讲, 火箭质量比一般在 5 左右 (即所装载的推进剂质量约占起飞时火箭质量的 80%), 质量比的上限约为 10 ~ 11 (即所装载的推进剂质量约占起飞时火箭质量的 90% 以上).

这样, 根据齐奥尔科夫斯基公式——式 (11–4), 单级液体火箭所能达到的理想速度 (为相对于地心的运动速度, 并假定其初始速度可以忽略) 的上限

大致为

使用一般推进剂 $3\,000 \ln 10$ m/s$\approx 6\,910$ m/s,

使用液氢、液氧 $4\,750 \ln(10 \sim 11)$m/s $\approx$ $10\,940 \sim 11\,390$ m/s.

上列数据表明, 采用一般液体推进剂的单级火箭不足以提供使航天器成为人造天体所需的比机械能, 因而它也就不能完成航天运载任务. 采用液氢、液氧做推进剂的单级火箭 (简称单级氢氧火箭) 只要质量比达到或大于 10, 就有可能将航天器送入近地低轨道. 因为, 即便考虑火箭从地面升起、飞向近地低轨道的过程中会因地球吸引力、空气动力和空气静压力等因素的影响, 使实际达到的最大飞行速度要比理想速度小 (对于短粗形状的单级入轨式氢氧火箭, 各种因素造成的速度损失估计有 $2\,500 \sim 3\,000$ m/s), 单级氢氧火箭实际能达到的最大速度仍可达到 $7\,940 \sim 8\,390$ m/s. 这就是说, 从理论上讲有可能用单级氢氧火箭将一定质量的有效载荷送入近地低轨道. 但由于液氢的密度很小 (只有 70 kg/m^3)、沸点很低 (20 K, 即 -253 °C), 单级氢氧火箭要达到质量比 $10 \sim 11$ 十分困难, 同时使其发动机的真空比冲达到 $4\,750$ m/s 也非易事, 故有可能提供航天能量的单级氢氧火箭虽曾有计划进行研制, 但终因经济和技术等方面的原因至今尚未问世. 单级液体火箭尚且如此, 比其比冲低、质量比小的单级固体火箭 (指使用固体推进剂火箭发动机作推进发动机的火箭)更不可能成为航天运载器.

既然迄今为止, 单级化学火箭不足以完成航天运载任务,那么要进一步提高现代化学火箭的飞行速度,就必须采用"接力"加速的方法,即要采用齐奥尔科夫斯基率先提出的多级火箭的概念.

多级火箭概念的中心思想是"质量抛扔原理",具体来讲就是要把那些已经完成任务再无别用的结构抛掉,使火箭发动机的能量最大限度地去提高其运载的有效载荷(对航天来讲,就是航天器)的机械能.这样,在使用现代化学火箭发动机和一般水平的箭体结构时,多级现代化学火箭就能够为航天器提供所需的航天能量.

多级火箭是由称为子级的个体火箭经串联或并联组合而成的一个飞行整体(图12–1).串联式多级火箭的各子级火箭依次同轴配置,并逐个工作;并联式多级火箭的各子级火箭则沿横向连接.为了提高串联式多级火箭的运载能力,常在串联式多级

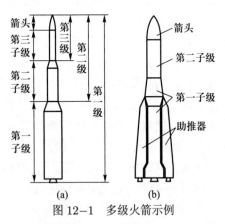

图 12–1 多级火箭示例

(a) 串联式三级火箭; (b) 捆绑助推器的串联式两级火箭

火箭的底部周围捆绑 (横向连接) 几个助推火箭 (助推器), 由此形成了组合式多级火箭 (或称捆绑助推器的串联式多级火箭, 简称捆绑式火箭).

串联式 N 级火箭按各子级火箭工作的先后顺序 [图 12–1(a), 从下到上], 将各子级火箭分别称为第一子级、第二子级 ······ 第 N 子级火箭; 将从第 i $(i = 1, 2, \cdots, N)$ 子级火箭开始, 一直到箭头构成的组合火箭称为第 i 级火箭. 航天器一般装载于第 N 级火箭 (也称末级火箭) 的头部 (即箭头).

串联式 N 级火箭的工作过程 (假定它从地面起飞) 如下所述: 首先, 第一子级火箭发动机 (指用于推进的发动机, 下同) 点火 (工作开始), 第一子级火箭发动机推动整个火箭 (即第一级火箭) 起飞. 在第一子级火箭发动机熄火 (工作终止) 时, 整个火箭达到一定的速度和高度. 至此, 第一子级火箭完成了任务, 可以抛掉. 而后, 使第一子级火箭与第二级火箭分离, 并使第二子级火箭发动机点火. 第二子级火箭发动机推动第二级火箭继续加速和上升. 以此类推, 即每一子级火箭在完成推进任务后就被抛掉, 直到第 N 子级火箭发动机开始工作.

捆绑助推器的串联式多级火箭的工作过程与串联式多级火箭的工作过程的差异在于初始段. 对捆绑式火箭来讲, 助推器火箭发动机和第一子级火箭发动机或同时点火或相继点火, 助推器完成任务后先行抛掉, 而后的工作过程就和串联式多级火箭相同.

从串联式 N 级火箭的工作过程可知, 假定各子级火箭发动机的推力方向都沿火箭轴线, 则航天器最终能达到的理想速度 V 是各级火箭理想速度增量之和 (假定起飞速度的量值可以忽略), 即

$$V = \sum_{i=1}^{N} W_i \ln(m_{i0}/m_{ik}), \qquad (12\text{--}1)$$

式中, W_i 为第 i 子级火箭发动机在真空中工作时的有效喷气速度 (或真空比冲), m_{i0} 和 m_{ik} 分别为第 i 级火箭在其动力装置——第 i 子级火箭发动机点火和熄火时的质量.

这样, 即使采用性能一般的液体推进剂或采用性能与此相当的固体推进剂以及结构不太先进的串联式多级现代火箭就足以完成航天运载任务. 例如, 取 W_i=3 000 m/s, m_{i0}/m_{ik}=5 或 4, 并考虑到对细长体形的航天运载火箭各种因素造成的速度损失约 1 700~2 100 km/s, 则有以下结果:

二级火箭 (各级质量比取 5) 理想速度 9 660 m/s, 实际速度 7 600~8 000 m/s;

三级火箭 (各级质量比取 4) 理想速度 12 470 m/s, 实际速度 10 370~10 770 m/s.

如若各子级火箭发动机的 W_i 相同 (记为 W), 则式 (12–1) 可写成

$$V = W \ln \left(\frac{m_{10}}{m_{1k}} \cdot \frac{m_{20}}{m_{2k}} \cdot \cdots \cdot \frac{m_{N0}}{m_{Nk}} \right) \quad (12\text{--}2)$$

将式 (12–2) 和式 (11–4) 比较可见, 在所论的条件下, 就理想速度而言, 串联式 N 级火箭相当于

64

一个质量比为 $\dfrac{m_{10}}{m_{1k}} \cdot \dfrac{m_{20}}{m_{2k}} \cdot \cdots \cdot \dfrac{m_{N0}}{m_{Nk}}$ 的单级火箭.

串联式多级火箭这个当量质量比远大于各级火箭的质量比. 从而串联式多级现代火箭能使航天器获得在太空中飞行所要求的高能量, 成为一种实用的航天运载工具.

对于捆绑助推器的串联式多级火箭, 若助推器火箭发动机和第一子级火箭发动机同时点火工作、推力方向相同以及各自的燃气质量流量均为常量, 则可以得到捆绑助推器的串联式 N 级火箭最终能达到的理想速度 V 为 (为节省篇幅, 这里不具体推导)

$$V = \frac{q_z W_z + q_1 W_1}{q_z + q_1} \ln\left(\frac{m_{z0} + m_{10}}{m_{zj} + m_{1j}}\right) +$$
$$W_1 \ln(m_{1j}/m_{1k}) + \sum_{i=2}^{N} W_i \ln(m_{i0}/m_{ik})$$

$$(12\text{--}3)$$

式中, W_z, W_i $(i = 1, 2, \cdots, N)$ 分别为助推器火箭发动机的真空比冲和第 i 子级火箭发动机的真空比冲, m_{z0} 和 m_{i0} 分别为助推器和第 i 级火箭在各自推进发动机点火时刻的质量, m_{zj} 和 m_{1j} 分别为助推器和第一级火箭在助推器发动机熄火时的质量, m_{ik} 为第 i 级火箭在各自推进发动机熄火时的质量, q_z 和 q_1 分别为助推器和第一级火箭各自推进发动机的燃气质量流量.

从式 (12--3) 可见, 在上述假定条件下, 就理想速度而言, 捆绑助推器的串联式 N 级火箭相当于一个串联式 $N+1$ 级火箭. 这个串联式 $N+1$ 级火箭的第一子级火箭发动机的真空比冲为助推器火箭发动机的真空比冲和原串联式 N 级火箭第一子级火箭发动机的真空比冲的加权平均值, 权重分别为各自的燃气质量流量和它们总的燃气质量流量的比值. 有关这个串联式 $N+1$ 级火箭的其他情况从式 (12–3) 即可看出, 不再细述.

十三、航天运载器和
航天器简介

    航天器是由航天运载器携带、从航天发射场起飞升空并在航天测控网站的跟踪测量下进入太空进行遨游的. 因此, 在具体讨论航天器是如何运动之前, 有必要对航天运载器和航天器有一定的了解.

13.1 航天运载器简介

    迄今已出现过的航天运载器, 按是否能重复使用可分为一次性使用的航天运载火箭和部分可重复使用的航天飞机 (又称空间运输系统, 可视作为轨道器与助推器组合而成的两级火箭; 轨道器为自身装有推进发动机的返回型卫星式航天器, 故其兼具运载器的运载功能; 报刊上常把轨道器称为"航天飞机"); 按推进发动机采用的推进剂形态可分为液体型运载器、固体型运载器和固液结合型运载器 (如捆绑固体助推器的串联式多级液体运载火箭).

    航天运载器一般由有效载荷、结构、推进、制

导 (控制和导引)、电源、安全、遥测、外弹道测量等分系统组成. 其中, 有效载荷就是航天器, 是航天运载器的运载对象, 一般用运载器的运载目标轨道 (其与航天器的工作轨道可以相同, 也可以不同) 和运载的航天器质量共同来表征运载器的运载能力, 例如近地低轨道的运载能力为多少千克; 推进系统是使运载器加速运动的动力源, 是由化学火箭发动机组成的系统, 为了控制运载器能按预定的弹道飞行, 该系统应具有调节推进发动机推力量值和方向的能力; 制导系统是姿态控制系统和弹道导引系统的总称, 用以引导运载器克服各种干扰因素, 使其按一定规律自动飞行、准确进入运载目标轨道.

航天运载器的起飞质量一般为运载的航天器质量的 50 ~ 100 倍, 可以高达几百吨甚至上千吨; 其起飞推重比 (起飞时的推力量值与起飞时重力量值之比) 一般只有 1.1 ~ 1.5 (液体型运载器) 或 2 ~ 2.5 (固体型运载器). 为了保证起飞阶段飞行稳定和使地面发射设备相对简单, 航天运载器一般采用从地面垂直起飞升空, 经 10 s 左右垂直向上飞行达到一定速度后, 就要在制导系统的作用下通过调整运载器的姿态角和调节推进发动机的推力方向, 偏离垂直 (与地面垂直) 飞行状态, 逐渐使速度方向转向水平 (与地面平行), 并在动力飞行结束时使运载器达到所要求的位置和具有所要求的速度. 由于航天运载器一般为薄壁、轻型结构的细长体, 为了避免在地球稠密大气层内的飞行过程中受到过大的空气动力法向力 (垂直于细长旋转体纵轴的空气动力) 的作用, 导致细长体结构变形过大甚至被破坏, 运载器的飞行转弯要缓慢进行, 以使其飞行攻角 (飞行方向与运载器细长体纵轴前向之间的夹角) 接近零度. 飞行攻角小时, 作用于运载器上的法向空气动力就会较小. 当运载器飞行到高空后, 为减少能量消耗或增大运载能力, 运载器一般会在一段时间内做等角速度低头 (即头部向地面转动) 飞行 (参见图 13-1).

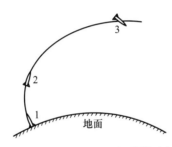

图 13-1　航天运载器飞行弹道示意图

1—垂直飞行；2—零攻角飞行；3—等角速度低头飞行

13.2　航天器简介

作为航天运载器运载对象的航天器只有具备满足地面 (人类) 特定需求的功能, 才能成为探测研究太空环境、开发利用太空资源为人类造福的工具. 为此, 航天器上必定载有直接执行有关航天任务的仪器、设备和系统, 有的航天器还载有航天员、生物, 它 (他) 们称为航天器的有效载荷或专用系统. 远离地面、位于太空的航天器上的有效载荷, 需要由航天器提供能量、信息、物质和创造适宜的人工环境、条件，才能在太空高真空、强辐射、超低温背景等严峻的外部环境条件下可靠和有效地工作。航天器上用于保证和支持有效载荷工作的仪器、设备和系统称为航天器的服务与支持系统。组成服务与支持系统的各部分或各分系统彼此也相互服务与支持。航天器的有效载荷、服务与支持系统都装在航天器的结构体上，通过结构体组合成为一个整体。航天器的结构体称为航天器结构平台，它一般由几个结构舱或构件组成，其中有的舱段还要返回地面。航天器结构平台配备了必要的服务与支持系统就成为航天器平台。航天器平台装载了有效载荷就成为一个完整和复杂的系统——航天器。航天器进入其工作轨道后开始工作，就成了一个实实在在地为地面服务的人造天体。在某些航天任务中，还需要由多个航天器在太空组成星座式系统，共同执行为地面服务的使命。图 13–2 表示出航天器的系统组成情况。

航天器的有效载荷视航天任务的不同而异，航天器的性质和功能主要由有效载荷决定。航天器的服务与支持系统一般包含热控制、能源、姿态控制、轨道控制、测控、数据管理等分系统。对于在执行航天任务后需将整体或其中的返回器 (返回舱) 从太空向地面返回的返回型航天器还要有返回着陆分系统；对于需在其他天体表面着陆的航天器还需要有进入 (进入该天体的稠密大气层) 着陆分系统；对于载人航天器还要有生命保障分系统和应急救生分系统。

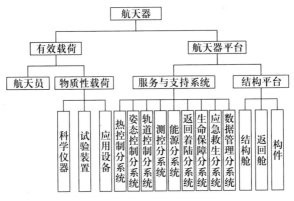

图 13-2　航天器的系统组成

　　在航天器平台的各分系统中, 结构系统 (结构平台) 由航天器上各受力和支承构件组合而成; 热控制系统用来组织航天器内部的热交换过程; 能源系统用来产生、贮存和分配航天器内部各仪器设备所需的电能; 姿态控制系统用来保持或改变航天器运动时的姿态; 轨道控制系统用来保持或改变航天器的轨道, 常用具有多次点火能力的现代化学火箭发动机来提供轨道控制所需的动力; 测控系统包括跟踪测量、遥测和遥控三部分, 是天 (太空) 和地 (地面) 之间联系的 "桥梁"; 返回型航天器的返回着陆系统用来保证返回器脱离原来的轨道, 进入 (再入) 地球稠密大气层并在地面安全着陆; 载人航天器的生命保障和应急救生系统分别用来保证航天员在太空安全生活和工作, 保障航天员在意外的情况下能迅速脱离航天器并安全返回地面; 数据管理系统为一个设置在航天器上的计算机系统, 起着信息中心和管理中心的作用.

航天器按载人与否, 分为载人航天器和无人航天器. 这两大类航天器又可按用途和飞行方式进一步划分 (参见图 13-3).

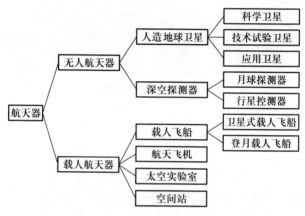

图 13-3　航天器的主要种类

无人航天器在太空中的工作, 按照事先设置的程序自动进行或受地面指令控制实施. 迄今, 它们主要利用太空高远位置资源和太空高真空、超洁净资源来获取、贮存、传输或转发地球及其周围空间、地外天体和宇宙的信息, 即用来开发信息类产品并已达到一定规模.

载人航天器为有人在太空参与操纵、工作和执行任务的航天器. 发展这类航天器除了能实现人类遨游太空之梦, 更重要的是为了利用太空微重力资源、太空太阳能和月球资源来开发物质类产品和能量类产品 (如难以在地面上制备的高新材料、巨大的电能、地面上罕见的氦 –3 等) 并达到一定规模.
因为在太空中开发物质类产品和能量类产品所用
的方法和过程、所需的装置和设备、所耗费的材料
和能量, 要比开发信息类产品复杂得多或庞大得多,
需要人在太空现场直接参与进行, 需要人到太空中
去建造大型基础设施 (如作为高新材料研制场所的
太空基地、作为太空电站的太阳能卫星、能供人长
期生活和工作的月球基地).

从图 13–3 可知, 除了深空探测器 (包括月球
探测器、行星探测器) 和登月载人飞船外, 其他种
类的航天器均为环绕地球运行的卫星式航天器 (包
括人造地球卫星、卫星式载人飞船、卫星式无人试
验飞船或交会对接目标航天器、航天飞机的轨道
器、太空实验室、空间站以及货运飞船. 其中, 人
造地球卫星常简称为人造卫星或卫星). 粗略估计,
在迄今已发射成功的航天器中, 卫星式航天器约占
97%(其中, 绝大多数为人造地球卫星). 考虑到这
一点, 同时为叙述简单起见, 下面我们仅就这一大
类航天器的发射弹道、运行和返回轨道进行概略地
讨论.

十四、卫星式航天器的
发射弹道

　　虽然航天器是装在航天运载器内发射的, 但航天器的发射弹道并不一定等同于航天运载器的发射弹道. 如果航天器沿预定工作轨道运行所需的机械能完全由运载器提供, 这两种轨道相同; 如果除了运载器外还要由航天器自身提供部分能量才能使其具有沿预定工作轨道运动所需的全部机械能, 这两种轨道就有差异.

　　对于卫星式航天器, 其发射弹道一般有以下所述的 4 种基本形式.

　　第一种为连续加速、直接入轨的发射弹道. 这种发射弹道指航天器在运载器各级推进发动机依次连续工作完毕后就进入预定的工作轨道 (图 14–1). 这种发射弹道要求运载器能在有限的飞行时间内将其速度方向从起飞时与当地地面垂直转变到动力飞行结束时与当地地面平行 (假设航天器在预定工作轨道的近地点入轨), 故运载器能把航天器送达的高度有限. 一般来讲, 这种发射弹道适用于入轨高度为 150 ~ 300 km 的发射任务.

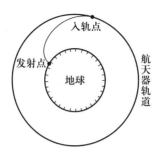

图 14-1　连续加速、直接入轨的发射弹道

　　第二种为具有滑行段的发射弹道. 这种发射弹道由第一加速飞行段、自由飞行段和第二加速飞行段 3 段组成 (图 14-2). 其中, 第一加速段和第二加速段均为航天器在运载器推动下飞行的阶段; 在自由飞行段运载器携带航天器依靠本身的惯性向上滑行, 故又称滑行段. 这种发射弹道通过滑行把动能转化为势能, 能提高入轨点的高度或节省运载器所消耗的能量, 入轨点的高度上限可达到 2 000 km.

　　第三种为具有一个中间轨道的发射弹道. 这种发射弹道由第一加速飞行段、过渡轨道飞行段、第二加速飞行段 3 段组成 (图 14-3). 航天器在运载器动力飞行段暂停时, 与运载器的末级一同进入一条能与航天器预定工作轨道相交的过渡轨道 (即中间轨道) 运行. 当航天器与运载器末级一起沿过渡轨道飞行到接近航天器的预定工作轨道时, 航天器在运载器末级推动下进入预定工作轨道. 这种发射弹道入轨点的高度上限可大于 2 000 km.

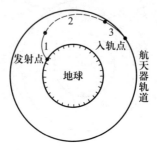

图 14-2 具有滑行段的发射弹道

1—第一加速段；2—惯性滑行段；3—第二加速段

图 14-3 具有一个中间轨道的发射弹道

1—第一加速段；2—过渡轨道段；3—第二加速段

第四种为具有两个中间轨道的发射弹道. 这种发射弹道由第一加速飞行段、停泊轨道飞行段、第二加速飞行段、过渡 (或转移) 轨道飞行段和第三加速飞行段 5 段组成 (图 14-4). 航天器在运载器动力飞行段暂停时，与运载器的末级一同进入一条高度较低的停泊轨道. 这条轨道是为了转移到预定的工作轨道而暂时停泊的中间轨道. 在航天器和运载器末级一同沿停泊轨道飞行一段时间后, 航天器将在运载器末级的推动下进入称为过渡轨道或转移轨道的那条连接停泊轨道和预定工作轨道的中间轨道. 这时, 航天器就与已完成任务的运载器末级分离. 当航天器沿过渡轨道飞行到接近预定工作轨道时, 由航天器自身的推进发动机点火工作, 将航天器推入预定的工作轨道. 这种发射弹道一般用于发射高轨道航天器 (例如地球静止轨道卫星), 并且可以比较灵活地选择入轨点. 有时第二加速段所需的推进力也由航天器自行提供.

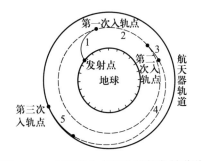

图 14-4　具有两个中间轨道的发射弹道

1—第一加速段；　2—停泊轨道段；　3—第二加速段；

4—过渡轨道段；　5—第三加速段

十五、卫星式航天器的
发射方向

　　卫星式航天器的发射方向指的是携带它的航天运载器在发射场的发射工位 (即发射地点) 朝什么方向发射. 航天器的发射地点、发射方向与其工作轨道, 或更确切地说与运载器的运载目标轨道有没有关系呢? 对此问题, 我们将在一定的假设条件下进行讨论.

　　假定航天运载器的制导系统使运载器在射向平面内做平面运动, 即运载器的发射弹道始终位于由发射时刻发射地点的地心矢与发射方向所决定的平面上. 这样, 根据下一节 (参见十六) 将证明的 "在把地球引力场简化为地心引力场时, 航天器的轨道平面相对于地心惯性参考系保持不变", 运载器的运载目标轨道完全由其入轨条件决定. 因此, 在上述假设下, 运载器的飞行平面即为运载器的运载目标轨道平面. 这个平面可以由发射时刻运载器所在地点 (即发射地点)L 的地心矢 r_L 以及发射方向角 A (从发射时刻发射地点的当地正北方向顺时针方向量度到发射方向, 取值范围为 $0° \sim 360°$) 定出.

采用不随地球转动的地心惯性参考系 $Oxyz$ (图 15–1). 其中, Oz 轴指向地球北极, xOy 平面为地球赤道平面, Ox 轴指向地球的春分点. 地球的春分点指太阳相对于地球运动从地球南半球上空到地球北半球上空穿过地球赤道平面的那一点.

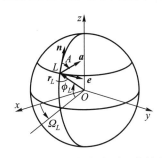

图 15–1　地心惯性参考系和发射方向

令 $\boldsymbol{i}$, $\boldsymbol{j}$, $\boldsymbol{k}$ 分别表示 Ox 轴、Oy 轴、Oz 轴方向的单位矢量, R 表示地球半径、ϕ_L 和 Ω_L 分别表示发射时刻发射地点的赤纬 (等于发射地点的地理纬度) 和赤经 (春分点地心矢与发射时刻发射地点在地球赤道平面上投影点的地心矢之间的角度, 从春分点地心矢顺地球自转方向量度取正值), 则发射时刻发射地点的地心矢 $\boldsymbol{r}_L$ 可表示成

$$\begin{aligned} \boldsymbol{r}_L = &R(\cos\phi_L \cos\Omega_L \boldsymbol{i} + \cos\phi_L \sin\Omega_L \boldsymbol{j} + \\ &\sin\phi_L \boldsymbol{k}). \end{aligned} \tag{15--1}$$

发射时刻发射地点正北方向的单位矢量 $\boldsymbol{n}$ 为

$$n = -\sin\phi_L\cos\Omega_L i -$$
$$\sin\phi_L\sin\Omega_L j + \cos\phi_L k. \qquad (15\text{--}2)$$

利用式 (15–1) 和式 (15–2) 即可求出发射时刻发射地点正东方向的单位矢量 e 为

$$e = n \times (r_L/R) = -\sin\Omega_L i + \cos\Omega_L j. \quad (15\text{--}3)$$

再利用式 (15–2) 和式 (15–3) 可得发射方向的单位矢量 a 为

$$a = \sin A e + \cos A n$$
$$= (-\sin A\sin\Omega_L - \cos A\sin\phi_L\cos\Omega_L)i +$$
$$(\sin A\cos\Omega_L - \cos A\sin\phi_L\sin\Omega_L)j +$$
$$\cos A\cos\phi_L k. \qquad (15\text{--}4)$$

在共面方式发射的假定下, 由 r_L 和 a 决定的平面与运载器相对于地心的动量矩 (运载器的地心矢与其动量的矢量积) 垂直. 尽管运载器在飞行过程中其动量矩的大小在不断变化, 但动量矩的方向恒定. 以 p 表示动量矩方向的单位矢量 (p 的指向即是运载器飞行平面的正法线方向), 可以求得

$$p = (r_L/R) \times a$$
$$= (\cos A\sin\Omega_L - \sin A\sin\phi_L\cos\Omega_L)i +$$
$$(-\cos A\cos\Omega_L - \sin A\sin\phi_L\sin\Omega_L)j +$$
$$\sin A\cos\phi_L k. \qquad (15\text{--}5)$$

这样, 利用空间解析几何中的平面法线式方程

$$x \cos \alpha + y \cos \beta + z \cos \gamma - b = 0$$

(式中, α, β, γ 表示平面法线的方向角, b 表示坐标系原点到平面的距离) 可以直接写出运器的飞行平面或运载器将航天器送入的轨道 (运载器的运载目标轨道) 平面方程:

$$(\cos A \sin \Omega_L - \sin A \sin \phi_L \cos \Omega_L)x+$$
$$(-\cos A \cos \Omega_L - \sin A \sin \phi_L \sin \Omega_L)y+$$
$$\sin A \cos \phi_L z = 0. \qquad (15\text{-}6)$$

从后面将会提到的轨道倾角的定义 (参见十六), $\boldsymbol{p}$ 与 $\boldsymbol{k}$ 之间的夹角即为运载器运载目标轨道的倾角 i. 由此可得

$$\cos i = \boldsymbol{p} \cdot \boldsymbol{k} = \sin A \cos \phi_L. \qquad (15\text{-}7)$$

式 (15-7) 表明, 在地球表面任一地点按共面方式发射航天器 (自然也包括卫星式航天器) 时, 航天运载器能把航天器送入的轨道之倾角 i 只能位于下列不等式所示的范围内:

$$|\phi_L| \leqslant i \leqslant 180° - |\phi_L|.$$

从式 (15-7) 可见, 如果发射场位于北半球, 则向正东 ($A = 90°$) 发射, i 等于其最小可能值 $i_{\min} = \phi_L$; 向正西 ($A = 270°$) 发射, i 等于其最大可能值 $i_{\max} = 180° - \phi_L$; 向正北 ($A = 0°$) 或向正南

$(A = 180°)$ 发射, i 均等于 $90°$. 在发射场位于南半球时, 也有类似的结果.

发射场选在低纬度地区, 除了可以用航天运载器发射小倾角轨道的航天器, 还可以通过向东或偏东方向发射充分利用地球的自转速度来增大运载器的运载能力或减小运载器的能量消耗.

十六、卫星式航天器运行轨道之一——开普勒椭圆轨道

　　卫星式航天器的运行轨道为卫星式航天器沿预定工作轨道环绕地球运动时其质心的运动轨迹.

　　卫星式航天器在进入预定工作轨道运行的初期, 其相对于地心的轨道一般是一条与以地心为一个焦点的开普勒椭圆轨道相差不大的复杂曲线. 随着运行时间的增长, 其轨道与开普勒椭圆轨道的偏离越来越大. 有时为了完成给定的航天任务, 卫星式航天器还会通过机动飞行从原来的运行轨道转入另一条轨道运行.

　　开普勒 (德国天文学家, 17 世纪初期提出了行星环绕太阳运动的三条基本定律) 椭圆轨道是以圆锥曲线形式描述的开普勒轨道的一种, 是偏心率小于 1 时的开普勒轨道. 开普勒轨道是在将地球 (或其他天体, 如太阳等) 引力场视作地心 (或其他天体中心, 如日心等) 引力场以及忽略大气作用力和其他天体吸引力等假定下求得的, 即是把航天器在某中心天体 (如地球或太阳等) 引力作用球内运动的

问题简化为航天器在一个质量等于中心天体质量、位于中心天体质心 (如地心或日心等) 的质点引力场中的运动问题, 换言之简化成两体问题. 两体问题研究两个质点在万有引力作用下的运动规律. 两体问题的解不仅可以给出航天器相对于地心的运动规律, 而且也可描述行星绕太阳运动的基本定律.

16.1 航天器开普勒轨道的特点之一

航天器开普勒轨道 (自然包括航天器开普勒椭圆轨道) 的第一个特点为轨道平面的不变性.

利用式 (6–11), 可以写出航天器于地心引力场中相对于地心惯性参考系的运动方程为

$$md^2\boldsymbol{r}/dt^2 = -(GMm/r^3)\boldsymbol{r}. \qquad (16-1)$$

式中, G 为万有引力常量, M 为地球的质量, m、r 和 $\boldsymbol{r}$ 分别为航天器的质量、地心距和地心矢, t 为时间.

将式 (16–1) 两边矢乘 $\boldsymbol{r}$, 得

$$m\boldsymbol{r} \times d^2\boldsymbol{r}/dt^2 = \boldsymbol{0}, \qquad (16-2)$$

即

$$\frac{d}{dt}\left(\boldsymbol{r} \times \frac{d\boldsymbol{r}}{dt}\right) = \boldsymbol{0}, \qquad (16-3)$$

从而 $r \times \dfrac{\mathrm{d}r}{\mathrm{d}t}$ 为不随时间改变的常矢量.

考虑到 $\mathrm{d}r/\mathrm{d}t$ 为航天器相对于地心的速度, 则 $m\mathrm{d}r/\mathrm{d}t$ 就是航天器相对于地心的动量, $r \times m\mathrm{d}r/\mathrm{d}t$ 就是航天器相对于地心的动量矩. 考虑到航天器沿预定工作轨道运行过程中其质量 m 可视作常量, 这样 $r \times \dfrac{\mathrm{d}r}{\mathrm{d}t}$ 为常矢量就意味航天器相对于地心的动量矩保持不变 (或称为守恒). 这个动量矩恒垂直于由 r 和 $\mathrm{d}r/\mathrm{d}t$ 所决定的平面, 并按右手定则确定其指向. 既然动量矩保持不变, 那么其方向就恒定, 从而由 r 和 $\mathrm{d}r/\mathrm{d}t$ 所决定的平面不变. 这就是说, 在地心惯性参考系中航天器的运动轨迹不会脱离上述这个不变的平面 (即运动轨迹为平面曲线), 这个不变的轨道平面通过地心并且方向恒定.

应该提到作为航天器轨道运动重要规律的 "轨道平面不变性" 只是针对地心惯性参考系 (例如坐标轴指向某遥远恒星的、以地心为原点的直角坐标系) 而言的. 由于地球绕太阳公转, 故航天器轨道平面相对于太阳而言是运动的, 这个轨道平面随着地球也是一年绕太阳一周. 自然, 相对于固定于地球的坐标系来讲, 这个轨道平面将每天旋转一周, 其方向与地球自转方向相反.

下面针对卫星式航天器来讨论其开普勒椭圆轨道平面的方程.

除了始终在地球赤道平面或赤道上空飞行的卫星式航天器外, 其他的卫星式航天器在一个周期

(运行一圈的时间) 中, 将两次飞越地球赤道上空. 航天器从地球南半球上空穿过地球赤道平面到地球北半球上空的运行弧段称为升段, 升段穿过地球赤道平面的那一点称为升交点. 航天器从地球北半球上空穿过地球赤道平面到地球南半球上空的运行弧段称为降段, 降段飞行穿过地球赤道平面的那一点称为降交点. 地球的春分点与升交点 (或降交点) 对地心的张角称为升交点赤经 Ω_s (或降交点赤经 Ω_j), 并规定从春分点顺地球自转方向 (逆时针转动) 量度到升交点 (或降交点).

卫星式航天器轨道平面的正法线方向 (即航天器相对于地心的动量矩方向, 也就是航天器绕地心转动的角速度方向) 与地球自转轴方向 (地轴的正北方向) 之间的夹角, 即航天器轨道平面与地球赤道平面的夹角称为轨道倾角 i, i 的取值范围为 $[0°, 180°]$. 倾角小于 $90°$ 时为顺行轨道, 轨道运行方向与地球自转方向相仿. 倾角大于 $90°$ 时为逆行轨道, 轨道运行方向与地球自转方向相左 (图 16–1). 倾角等于 $90°$ 时称为极轨道, 该轨道通过地球两极地区上空.

在地心惯性参考系内, 卫星式航天器的轨道平面可以用轨道倾角 i 和升交点赤经 Ω_s (或降交点赤经 Ω_j) 两个参数决定 (图 16–2).

采用下述的地心惯性参考系 $Oxyz$, 其中, O 为地心, Ox 轴通过地球春分点, xOy 平面为地球赤道平面, Oz 轴指向地球北极. 为了导出卫星式航天器的轨道平面方程, 再建立一个地心惯性参

考系 $Ox'y'z'$, 其中, O 仍为地心, Ox' 轴通过升交点, $x'Oy'$ 平面为轨道平面, Oz' 轴指向航天器相对于地心的动量矩方向. 参考系 $Oxyz$ 和 $Ox'y'z'$ 之间的关系不难通过坐标系的两次转换求出. (图 16-2 中未标出 $Ox'y'z'$ 以及下述的 $Ox'y_1z$ 两个坐标系.)

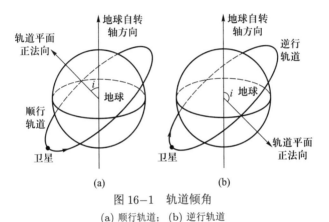

图 16-1　轨道倾角

(a) 顺行轨道;　(b) 逆行轨道

图 16-2　地心惯性参考系和轨道平面

首先, 将参考系 $Oxyz$ 绕 Oz 轴旋转 Ω_s, 使 Ox 轴转到 Ox' 轴、Oy 轴转到 Oy_1 轴 (此轴仍在地球赤道平面上), 得到一个过渡参考系 $Ox'y_1z$; 然后再将参考系 $Ox'y_1z$ 绕 Ox' 轴旋转 i, 就得到参考系 $Ox'y'z'$. 这样可得

$$\begin{cases} x' = x\cos\Omega_s + y\sin\Omega_s, \\ y_1 = -x\sin\Omega_s + y\cos\Omega_s \end{cases} \quad (16\text{--}4)$$

及

$$\begin{cases} y' = y_1\cos i + z\sin i, \\ z' = -y_1\sin i + z\cos i. \end{cases} \quad (16\text{--}5)$$

从式 (16–4) 和式 (16–5) 可求出 x'、y'、z' 与 x、y、z 的关系式. 由于轨道平面 $z' = 0$, 故下面只写出 z' 的表达式

$$z' = x\sin\Omega_s\sin i - y\cos\Omega_s\sin i + z\cos i. \quad (16\text{--}6)$$

在式 (16–6) 中令 $z' = 0$, 即得到在地心惯性参考系 $Oxyz$ 中卫星式航天器的轨道平面方程:

$$x\sin\Omega_s\sin i - y\cos\Omega_s\sin i + z\cos i = 0. \quad (16\text{--}7)$$

16.2 航天器开普勒轨道的特点之二

航天器开普勒轨道的第二个特点是轨道为圆锥曲线 (开普勒第一定律).

在航天器轨道平面内用一个以地心为原点的极坐标系 r, θ 来表示航天器的位置 (图 16–3). 其中, r 和 θ 分别为航天器的地心距和角距. 角距 θ 是升交点地心矢与航天器地心矢之间的夹角, 从前者顺运行方向量度到后者为正值, 反之取负值, 并以弧度为单位. 这样, 航天器相对于地心的运动速度 V 的径向分量为 $\mathrm{d}r/\mathrm{d}t$, 横向 (周向) 分量为 $r\mathrm{d}\theta/\mathrm{d}t$.

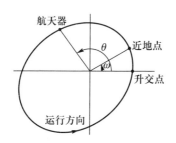

图 16–3　轨道平面内的运动轨迹

前面已讲过, 在地心引力场中航天器沿轨道运行时其相对于地心惯性参考系的动量矩和机械能均守恒 [参见式 (16–3) 和式 (7–3)], 由此可以写出

$$r^2\mathrm{d}\theta/\mathrm{d}t = C_1, \qquad (16\text{–}8)$$

$$\frac{1}{2}[(\mathrm{d}r/\mathrm{d}t)^2 + r^2(\mathrm{d}\theta/\mathrm{d}t)^2] - GM/r = C_2, \quad (16\text{–}9)$$

式中, t 为时间变量, G 为万有引力常量, M 为地球的质量, C_1 和 C_2 均为常量 (由初值条件决定).

根据式 (16–8) 和式 (16–9) 可求出 r 和 θ 的关系, 即求出航天器的轨道方程.

从式 (16–8) 和式 (16–9) 消去 θ , 得到

$$\mathrm{d}r/\mathrm{d}t = \pm(2C_2 + 2GM/r - C_1^2/r^2)^{\frac{1}{2}}, \quad (16\text{–}10)$$

再将式 (16-10) 除以式 (16-8) 并移项积分, 就有

$$\int \frac{C_1\mathrm{d}r}{r^2(2C_2 + 2GM/r - C_1^2/r^2)^{\frac{1}{2}}} = \pm \int \mathrm{d}\theta.$$
$$(16\text{–}11)$$

进行变量代换 $\rho=C_1/r$, 并记 $C_3=[2C_2+(GM/C_1)^2]^{\frac{1}{2}}$, 式 (16–11) 的左端可改写成

$$-\int \frac{\mathrm{d}\rho}{[C_3^2 - (\rho - GM/C_1)^2]^{\frac{1}{2}}} = \arccos\frac{\rho - GM/C_1}{C_3}.$$
$$(16\text{–}12)$$

将式 (16–12) 代入式 (16–11), 就得到

$$\arccos\frac{\rho - GM/C_1}{C_3} = \pm(\theta - \omega), \quad (16\text{–}13)$$

式中, ω 为积分常数.

可以把式 (16–13) 改写成

$$C_1/r - GM/C_1 = C_3\cos(\theta - \omega) \quad (16\text{–}14)$$

或

$$r = \frac{P}{1 + e\cos(\theta - \omega)}, \quad (16\text{–}15)$$

式中, $P = C_1^2/GM, e = C_1C_3/GM$.

从平面解析几何可知, 式 (16–15) 为圆锥曲线方程, P 称半通径, e 称偏心率 (也称为离心率). 当

$e = 0$ 时, 轨道为圆; $0 < e < 1$ 时, 轨道为椭圆; $e = 1$ 时, 轨道为抛物线; $e > 1$ 时, 轨道为双曲线. 在后两种情况, 航天器将飞离地球引力场. 对于卫星式航天器来讲, e 必小于 1, 近地点在 $\theta = \omega$ 处, 远地点在 $\theta = \omega + \pi$ 处. 由此可见, ω 为轨道近地点的角距, 称为近地点的辐角.

至此, 我们已求出卫星式航天器的轨道方程, 至于其在轨道上的运动规律 (即 θ 和 t 的具体关系) 以及 r 和 t 的具体关系就不讨论了.

16.3 航天器开普勒轨道的特点之三

航天器开普勒轨道的第三个特点是航天器的面积速度为常量.

从航天器在轨道运行过程中动量矩守恒 [即式 (16–8)], 不难得知航天器在轨道运行过程中其地心矢在相同的时间扫过相同的面积, 即其面积速率 V_m 为常量. 这一面积定律可用下式表示:

$$V_m = \frac{1}{2} r^2 \mathrm{d}\theta / \mathrm{d}t = \frac{1}{2} C_1 = \frac{1}{2} (GMP)^{\frac{1}{2}}, \quad (16\text{–}16)$$

式中, P 为半通径.

面积速率相等表明, 航天器距离地心越近, 运行越快; 距离地心越远, 运行越慢 (图 16–4).

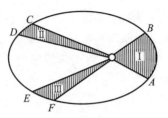

图 16-4　在相等的时间内, 航天器地心矢扫过
Ⅰ、Ⅱ、Ⅲ 3 块扇形的面积相等

16.4　航天器开普勒椭圆轨道专有的特点

航天器开普勒轨道的第四个特点是针对卫星式航天器讲的, 即卫星式航天器运行轨道周期的平方与轨道椭圆半长轴的立方成正比 (开普勒第三定律).

卫星式航天器沿椭圆轨道 (圆轨道可视为偏心率 $e = 0$ 的椭圆轨道) 环绕地球运动, 其绕地球一周的时间称为轨道周期 T, 其轨道椭圆长轴 (近地点到远地点的距离) 的一半称为半长轴 a, 半长轴可视作卫星式航天器运行过程中的平均地心距 (图 16-5).

利用式 (16-15)、式 (16-8) 或式 (16-16) 可以求出卫星式航天器近地点的地心距 r_p 及运行速度量值 V_p 分别为

$$r_p = P/(1+e), \quad V_p = (GM/P)^{\frac{1}{2}}(1+e). \quad (16\text{-}17)$$

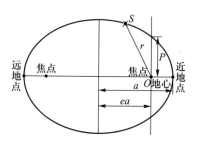

图 16-5　卫星式航天器的开普勒椭圆轨道

同样可求出卫星式航天器远地点的地心距 r_a 及运行速度量值 V_a 分别为

$$r_a = P/(1-e), \quad V_a = (GM/P)^{\frac{1}{2}}(1-e). \quad (16-18)$$

利用式 (16-17) 和式 (16-18)，即可求出卫星式航天器轨道椭圆的半长轴 a 为

$$a = \frac{1}{2}(r_p + r_a) = P/(1-e^2). \quad (16-19)$$

根据椭圆面积公式以及椭圆半长轴与半短轴的关系式，卫星式航天器轨道椭圆的面积 A 就可写成如下的形式：

$$A = \pi a^2(1-e^2)^{\frac{1}{2}}. \quad (16-20)$$

将式 (16-20) 表示出的 A 除以式 (16-16) 表示出的 V_m，就得到卫星式航天器的轨道周期 T 为

$$T = 2\pi a^{\frac{3}{2}}/(GM)^{\frac{1}{2}}. \quad (16-21)$$

式 (16-21) 表明卫星式航天器轨道周期的平方与轨道椭圆半长轴的立方成正比。

从本节前述内容可知, 在地心惯性参考系中卫星式航天器的运行轨道是一个椭圆, 其运行轨道平面可以由升交点赤经 Ω_s 和轨道倾角 i 这 2 个参数决定, 其轨道方程和运动规律可以由半通径 P、偏心率 e、近地点辐角 ω 和通过近地点的时刻 t_p 这 4 个参数决定. 上述这 6 个参数是相互独立的, 称为轨道要素, 用它们可以完整地描述卫星式航天器在任意时刻相对于地心惯性参考系的位置和速度.

最后应该提及, 当卫星式航天器沿开普勒椭圆轨道周而复始地环绕地球运行时, 虽然相对于地心惯性参考系来讲其轨道平面在空间的方位和开普勒椭圆轨道的形状是不变的, 但由于地球在不停地自西向东转动, 故其运行某一圈的升交点 (或降交点) 总是位于其运行前一圈的升交点 (或降交点) 之西. 卫星式航天器沿开普勒椭圆轨道运行某一圈的升交点经度与其运行后一圈的升交点经度之差, 等于地球自转角速度量值与卫星式航天器轨道周期的乘积. 或者说, 卫星式航天器沿开普勒椭圆轨道运行时, 其升交点经度的西退速率 (升交点经度向西变化的速度量值) 等于地球自转角速度的大小 ($360°/\mathrm{d}$). 图 16–6 以星下点 (为卫星式航天器质心与地心的连线与地球表面的交点) 轨迹示意地反映了升交点的西退情况.

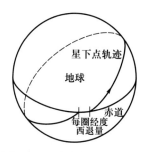

图 16-6 升交点西退示意图

十七、卫星式航天器运行轨道之二——轨道摄动

前面一节在把地球引力场视作地心引力场时讨论了卫星式航天器的运动规律. 这个地心引力场的吸引力是卫星式航天器在预定工作轨道的运行过程中所受到的主要作用力. 除了这个力外, 还有其他因素会影响到卫星式航天器的运动. 这些因素有: 太阳、月球以及太阳系除地球之外的其他行星等的吸引力, 太阳光压力, 太空中稀薄大气的作用力, 地球内部结构不均匀使地球引力产生的偏离, 地球形状与正球体的差异、赤道隆起部分使地球引力产生的偏离等.

上述这些因素对卫星式航天器运动产生的影响, 称为轨道摄动. 尽管摄动的影响在短时间不会太明显, 但长期效应不容忽视.

当卫星式航天器沿低 (高度) 轨道运行时, 引起其轨道摄动的主要因素及效应为地球扁率及效应、大气阻力及效应.

17.1 地球扁率及效应

前面已讲过, 地球的形状更接近于一个赤道半径约 6 378 km、极半径约 6 357 km、扁率约 1/298.3 的椭球体. 地球扁率对卫星式航天器运行轨道产生的第一个效应是引起其轨道平面绕地球自转轴均匀旋转 (称为轨道平面的进动). 大家知道, 一个在地面高速旋转着的陀螺, 当受到外界力矩作用时, 虽然它的旋转轴会偏离竖直线, 但陀螺不会因为自身重量产生的一个使它向下倾斜的力矩倒下, 而是在继续自旋的同时, 其自转轴环绕竖直线转动 (称为进动). 类似地, 沿椭圆轨道环绕地球运行的卫星式航天器也不会因为地球扁率 (即地球赤道部分隆起) 对它产生一个趋向地球赤道平面的力矩使轨道倾角变小, 而只是引起轨道平面的法线方向绕地球自转轴缓慢进动.

卫星式航天器轨道平面的进动方向与轨道倾角 i 有关. 对 $0° \leqslant i < 90°$ 的顺行轨道, 轨道平面逆地球自转方向进动, 相应地, 轨道升交点经度的西退速率大于地球自转角速度. 对 $90° < i \leqslant 180°$ 的逆行轨道, 轨道平面顺地球自转方向进动, 相应地, 轨道升交点经度的西退速率小于地球自转角速度.

卫星式航天器轨道平面进动角速度与轨道倾角 i、偏心率 e 和半长轴 a 有关. 可近似地将这一角速度 [量值单位:(°)/d] 表示成

$$\dot{\boldsymbol{\Omega}}_s = -10.00[1/(1-e^2)^2](R_1/a)^{\frac{7}{2}}\cos i\boldsymbol{k}, \quad (17\text{-}1)$$

式中, $\dot{\Omega}_s$ 为轨道平面进动造成的升交点赤经的变化速度, R_1 为地球赤道半径, $\boldsymbol{k}$ 为地球自转轴方向上的单位矢量.

这样, 连同地球自转效应, 卫星式航天器轨道升交点的经度每天将向西变化 $360 + 10.00[1/(1 - e^2)^2](R_1/a)^{\frac{7}{2}} \cos i$ °.

地球扁率对卫星式航天器产生的第二个效应是引起轨道椭圆的长轴在轨道平面内匀速转动, 这意味着近地点辐角将随时间变化.

17.2 大气阻力及效应

近地太空中存在稀薄的大气, 大气阻力将使卫星式航天器的动能不断损耗、轨道日渐缩小.

与地球扁率产生的轨道摄动效应不同, 大气阻力的摄动效应使轨道远地点高度的下降比轨道近地点高度的下降要快, 从而使轨道椭圆的半长轴和偏心率同时下降, 也就是说, 使轨道椭圆逐渐圆形化和使轨道平均高度不断降低. 随着卫星式航天器高度的降低, 大气阻力的作用更加明显, 轨道高度的衰减也愈来愈快, 最终使卫星式航天器以螺旋形轨迹坠入地球稠密大气层而被烧毁 (图 17–1). 大气阻力摄动是决定近地卫星式航天器轨道寿命的主要因素. 以初始轨道为圆轨道的情形为例, 初始高度 160 km 的卫星, 轨道寿命只有几天甚至几圈的飞行时间; 但初始高度 1 000 km 的卫星, 轨道寿命可以高达几百年甚至上千年.

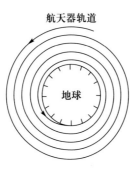

图 17-1 大气阻力对卫星式航天器轨道的影响

十八、卫星式航天器运行轨道之三——几种特殊的轨道

极地轨道、太阳同步轨道、地球同步轨道、地球静止轨道、圆轨道等是卫星式航天器常用并具有各自特点的轨道.

极地轨道的倾角等于90°. 通常, 把倾角在90°附近的轨道也称为极地轨道 (简称极轨道). 沿极地轨道运行的卫星式航天器, 每天都经过地球南极、北极地区上空, 再加上地球自转效应, 可以对整个地球进行观测.

太阳同步轨道是一种特殊的逆行轨道. 这种轨道所在的平面绕地球自转轴向东进动, 且进动角速度与地球公转的平均角速度方向相同、大小相等 (0.9856°/d). 沿此轨道运行的卫星式航天器在由南向北的飞行段 (升段) 每次经过同一纬度地区上空的当地时间基本相同, 在由北向南的飞行段 (降段) 每次经过同一纬度地区上空的当地时间也基本一样. 例如, 航天器在某圈升段、降段经过北纬40°地区上空的当地时间分别为上午8时和下午4

时, 则以后每圈升段、降段经过该纬度地区上空的时间就分别近似地为上午 8 时和下午 4 时 (图 18–1). 太阳同步轨道可以是椭圆轨道, 也可以是圆轨道. 经计算可以得到, 圆形太阳同步轨道的高度不会超过 6 000 km; 高度小于 1 000 km 的圆形太阳同步轨道的倾角不会大于 100°, 兼具极地轨道的特点.

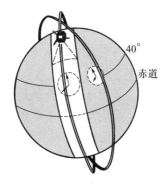

图 18–1　沿太阳同步轨道运行的航天器的飞行特点示例

地球同步轨道为运行周期等于地球自转周期 (23 小时 56 分 04 秒) 的顺行轨道. 可以计算出该轨道的半长轴为 42 164 km. 沿此轨道运行的航天器与地球自转同步, 在不计摄动效应时, 沿此轨道运行的航天器每天在相同的时间通过相同地区的上空.

地球静止轨道是一种特殊的地球同步轨道, 为倾角等于零度 (即 $i = 0°$) 的圆形地球同步轨道. 航天器绕地球静止轨道运行的角速度与地球自转角速度大小相等、方向相同, 从而航天器就处于相对于地面为静止的状态. 从地面看去, 沿地球静止轨道运行的航天器高悬在赤道上空, 固定不动. 地球静止轨道只有一条, 它距地面 (地球赤道) 的高度为 35 786 km. 沿该轨道运行的航天器相对于地心的速度量值为 3.075 km/s.

圆轨道按高度可分为低轨道 (高度不大于 1 000 km)、中高轨道 (高度 1 000 ~ 20 000 km) 和高轨道 (高度不小于 20 000 km). 工程上, 把偏心率接近零值 (即 $e \approx 0$) 的近圆轨道也称为圆轨道, 把偏心率 $e > 0.1$ 的椭圆轨道称为大椭圆轨道.

不同种类的卫星式航天器, 按其任务将运行于不同的工作轨道. 采用地球静止轨道, 便于地面对航天器进行跟踪. 采用太阳同步轨道 (其轨道平面相对于太阳的方位不变), 选择适当的发射时机可以使航天器能在比较好的光照条件下经过特定地区上空, 有利于对该地区进行可见光观测. 采用低轨道, 航天器获取到的地面信息较强. 采用大椭圆轨道, 航天器探测的空间区域较大. 对于卫星式载人航天器, 为避开地球辐射带 (为环绕地球的带电粒子相对集中、不断发射非热辐射的区域. 其中, 内辐射带在赤道平面上的高度为 600 ~ 10 000 km, 纬度边界为 ±40°, 主要是质子和电子; 外辐射带在赤道平面上的高度为 10 000 ~ 60 000 km, 纬度边界为 ±(55° ~ 70°), 主要是电子), 轨道高度应小于 500 km, 以保障航天员的生命安全.

十九、返回型卫星式航天器的返回轨道

返回型航天器在太空中预定工作轨道运行完成任务后,其整体或一部分要返回地面.其中,向地面返回的部分称为返回器.返回的目的在于把航天器在太空中活动的成果带回地面或把航天员接回地面.

一般来说,返回型卫星式航天器的返回器要经过离轨(离开原来的轨道)、过渡(进入一条能进入地球稠密大气层的过渡轨道)、再入(由于返回器是先穿过地球稠密大气层进入轨道,后又进入地球稠密大气层返回,故通常把后一次进入称为再入)和着陆(向地面着陆)4个飞行阶段(图19-1).

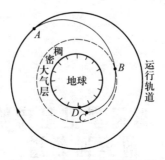

图 19-1 返回器的返回过程

A—离轨点； AB—过渡段； BC—再入段； CD—着陆段

19.1 返回器的分类

按再入地球稠密大气层内飞行过程中气动特性的不同, 返回器可分为弹道式、弹道 – 升力式和升力式 3 类.

弹道式再入返回器指在再入地球稠密大气层内的飞行过程中所受到的空气动力只有阻力 D, 没有升力 L, 或虽有不大的升力, 但升力的大小和方向均不加控制和利用的返回器. 这种返回器通常采用带钝头的轴对称旋转体外形, 要求它在地球稠密大气层内飞行时具有足够大的前向 (头部朝前飞行) 稳定性. 弹道式再入返回器再入轨道比较陡峭, 在地球稠密大气层里经历的时间和飞过的航程较短, 故气动加热的总量相对较小, 结构防热问题较易处理. 因此, 它面临的问题相对简单, 易于解决. 缺点是它的再入运动过程无法控制, 从而其着陆点的散布较大; 另外, 它高度下降较快, 从而其再入制动

过载系数 n (为返回器受到的空气阻力的量值与返回器地面重力的量值之比, 过载系数表示其内部物体的视重力量值为该物体地面重力量值的多少倍, 即为返回器内部物体的视重力量值与其地面重力量值之比) 和气动加热率 (为单位时间内传给单位面积表面的气动加热量) 的峰值较高. 返回型卫星的返回舱、货运飞船的返回舱一般采用弹道方式再入地球稠密大气层.

弹道 – 升力式再入返回器也采用轴对称旋转体外形, 但质心并不位于对称轴上, 而是配置在离对称轴一小段距离处. 这样, 通过对返回器的姿态加以控制, 可使返回器在再入地球稠密大气层内的飞行过程中受到一定限度和可控制的升力作用. 这类返回器需采用大头朝前的状态飞行. 弹道 – 升力式再入返回器既保持了弹道式再入返回器结构简单和防热问题易于解决的优点, 又能通过适当地利用升力在一定程度上克服了弹道式再入返回器的缺点, 常用于需要降低最大制动过载系数和减小着陆点散布的场合. 卫星式载人飞船 (以及载人登月飞船) 的航天员座舱 (返回舱) 通常就采用弹道 – 升力方式再入地球稠密大气层. 这类返回器以及前述的弹道式再入返回器均采用降落伞等减速装置作为着陆飞行段的减速措施.

升力式再入返回器为升阻比 (返回器所受到的气动升力与气动阻力之比) 大于 2 的返回器, 其外形为能获得较大升阻比的带翼升力体外形 (类似于飞机的外形). 这类返回器在再入地球稠密大气层内的飞行过程中主要通过机翼产生的升力和机翼上的活动舵面控制升力以形成它的机动飞行、下降和水平着陆的能力. 升力式再入返回器再入轨道平缓, 可使再入制动过载系数和气动加热率的峰值大为减小; 它能实现水平着陆, 从而可回避垂直着陆带来的着陆冲击力过大造成返回器受损的问题; 它能通过控制升力增强机动飞行能力, 可使落点精度显著提高并能够在指定机场的跑道上着陆, 从而能实现无损和定点回收, 为返回器的重复使用创造了前提. 这类返回器的缺点是其在再入地球稠密大气层内的飞行过程中总的气动加热量较大, 受气动加热的时间较长, 构形也很复杂, 再加上可重复使用的需求, 使其气动特性、防热和结构等问题十分复杂, 同时, 返回后的维修费用很高. 航天飞机的轨道器 (即通常俗称的"航天飞机") 就采用升力方式再入地球稠密大气层.

19.2 返回型卫星返回舱的返回过程和轨道

为叙述简单起见, 下面只讨论采用弹道方式再入的返回型卫星的返回舱的返回过程和轨道.

在返回过程中的第一步离轨飞行段中, 返回舱将利用自身的变轨火箭发动机来改变返回舱的飞行速度, 使其转入一条可再入地球稠密大气层的过渡轨道飞行. 返回舱离轨飞行的步骤如图 19-2 所示.

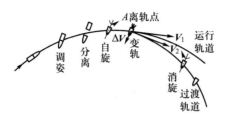

图 19-2　返回舱的离轨飞行步骤

对返回舱返回来讲, 变轨火箭发动机又称制动火箭发动机. 制动发动机一般沿返回舱纵轴安装在舱内, 其推力方向与纵轴方向 (指向头部) 相同. 在离轨前, 首先由姿态控制系统来调整返回型卫星的姿态 (简称调姿), 使卫星的纵轴方向与速度方向之间形成一个大于 $90°$ 的角度 ϕ, 而后将返回舱与卫星的其余部分分离 (简称分离), 再用起旋火箭发动机使返回舱绕其纵轴自旋 (简称自旋) 以保证返回舱姿态稳定, 最后令制动火箭发动机工作. 这样, 返回舱就获得了一个附加速度 ΔV, 它的速度就从原来的 V_1 变成了 V_2, 返回舱也就从原来的轨道转入到另一条轨道飞行 (简称变轨). 由于制动火箭发动机工作时的 ϕ 角大于 $90°$, ΔV 的量值与 V_1 的量值相比为小量, 故 V_2 与 V_1 相比, 量值略有减小, 方向朝地面偏转了一个小角度. 返回舱离开原轨道的空间位置 A 称为离轨点 (图 19-1).

在返回过程的第二步过渡轨道飞行段中, 作用于返回舱上的空气动力很小, 返回舱基本上仍沿开普勒椭圆轨道运动. 一般取 $90 \sim 100 \text{ km}$ 的高度作为返回舱开始再入地球稠密大气层的高度. 小于这个高度, 空气动力的作用不可忽略. 为了使返回舱在再入地球稠密大气层后能较快地转到头部朝前的飞行姿态, 在返回舱沿过渡轨道再入地球稠密大气层之前, 还要用消旋火箭发动机使返回舱的自旋速度量值减小. 返回舱再入地球稠密大气层飞行的起点 B 称为再入点 (图 19–1), 再入点处返回舱的速度方向与当地水平面的夹角 θ_b 称为再入角. 再入角的大小直接影响到返回舱在再入地球稠密大气层内的飞行过程中所受到的空气动力、气动加热和航程. 再入角要限制在一定范围内, 以保证再入制动过载系数不超过允许值. 返回型卫星不载人, 可允许的制动过载系数最大值为 12 ~ 15, 与此相应可允许的再入角上限在 5° 左右.

在返回过程的第三步再入飞行段中, 空气动力的影响不可忽略, 返回舱将遭遇恶劣环境的考验. 在一些近似假定下, 可以求得以弹道方式再入地球稠密大气层飞行的返回舱, 在再入段飞行过程中制动过载系数 n 的峰值 $n_{\max}$ 和传给返回器的总气动加热量 Q 的粗略计算公式分别为

$$n_{\max} = V_b^2 \sin \theta_b / 2 e g_0 H, \qquad (19\text{–}1)$$

$$Q = [(1/2)(D_f/D)] \cdot [(1/2)mV_b^2], \qquad (19\text{–}2)$$

式中, V_b 为返回舱在再入点 B 处的速度 (再入速度) 量值, θ_b 为返回舱的再入角, e 为自然对数的底, g_0 为地球表面处的地球引力加速度, H 为标准大气密度 ρ 随高度变化关系式 $\rho = \rho_0 \exp(-h/H)$ 中的标高 (约为 7 000 m), ρ_0 为地球表面处的标准大气密

度,D_f 为作用于返回舱的摩擦阻力, D 为作用于返回舱的气动阻力 (为 D_f 与波阻之和),m 为返回舱的质量.

式 (19-1) 表明, 再入制动过载系数的峰值 n_{max} 与再入速度量值 V_b 的平方成正比, 与再入角 θ_b 近似成正比. 如取 V_b=8 000 m/s, 则有如表 19-1 所示的结果.

表 19-1 再入角与再入制动过载系数峰值的关系示例

θ_b	$5°$	$4°$	$3°$	$2°$
n_{max}	15	12	9	6

式 (19-2) 表明, 再入飞行段中传给返回舱的总气动加热量 Q 正比于返回舱的再入动能 $(1/2)mV_b^2$, 正比于摩擦阻力 D_f 与总气动阻力 D 的比值 (D_f/D). 但上述两者的乘积只有一半传给返回舱, 另一半则传给了周围的大气. 因此, 减少再入飞行段中传给返回舱结构热量的一个有效办法就是减少 (D_f/D), 即减少摩擦阻力在总气动阻力中所占的份额. 由于钝头外形的波阻大, 其驻点 (即前端点) 气动加热率与端头半径的开方成反比, 故从减小气动加热量的角度, 返回舱的迎风面一般选曲率半径较大的钝头形状 (如球形、古钟形、球缺与截锥的组合体形). 尽管如此, 传给返回舱的气动加热量仍十分可观, 足以使与返回舱同等质量的钢全部熔化. 因此, 需要对返回舱的结构采取有效的防热措施.

在返回过程的第四步着陆飞行段开始之前, 即在再入段飞行后期, 随着高度降低、速度减小、地球的吸引力将使返回舱的再入飞行轨迹逐步转为与地面垂直, 返回器的飞行速度 V 也逐渐达到平衡速度 V_C. 平衡速度按返回舱所受到的气动阻力 D 与地球吸引力量值相等、方向相反的条件决定, 其量值 V_C 为

$$V_C = (2mg_0/\rho SC_D)^{\frac{1}{2}}. \qquad (19\text{--}3)$$

对返回舱来讲, 其质量 m 与其阻力面积 SC_D 的比值一般在 250~500 kg/m². 由此, 根据式 (19–3) 可计算出地面 (设其海拔为 0 km) 处的平衡速度将达到 $63 \sim 90$ m/s. 为了避免返回舱因着陆速度过大而"粉身碎骨", 返回舱在下降到高度 15 km 左右时会将降落伞系统从舱内弹出, 在空中展开, 从此时起, 返回舱就进入着陆段飞行. 在着陆段飞行中, 返回舱将在降落伞系统携带下进一步减速并以安全的着陆速度在地面降落, 有时在着地前夕还会借助于缓冲火箭发动机使着陆速度减至 $1 \sim 2$ m/s.

二十、我国航天事业
发展概况

我国是发展中的国家, 是发展中的大国. 同样, 我国的航天是发展中国家的航天, 是发展中大国的航天.

承载着实现中华民族飞天梦、为我国全面建设并建成小康社会的宏伟目标服务和使我国在世界航天领域中占有一席之地等任务的我国航天事业已经走过了 50 多年的发展历程, 取得了举世瞩目的成就.

1958 年 5 月 17 日, 毛泽东主席在中国共产党第八次全国代表大会第二次会议当日召开的全体会议上, 高瞻远瞩地提出 "我们也要搞人造卫星". 毛泽东主席的这个指示, 揭开了我国发展航天事业的序幕.

1965 年, 我国开始进行人造地球卫星的工程研制. 1970 年 4 月 24 日, 我国成功发射了本国的第一颗人造地球卫星——"东方红 1 号" 卫星 (图 20-1), 取得了我国航天技术领域的首次重大突破.

图 20-1 "东方红 1 号"卫星
(72 面近似球体形状) 的内部情况

　　1978 年以来, 我国的航天战线加快了与国民经济和国防建设紧密相关的应用卫星的研制步伐, 使我国的人造卫星事业于 20 世纪 80 年代初中期由研究试验阶段转入到实际应用阶段, 并使我国的航天技术于上述同一时期开始跻身世界先进行列.

　　1986 年, 我国提出了《高技术研究发展纲要》(即"863"计划). 在"863"计划的推动下, 我国于 1992 年 9 月决定实施世纪之交 (20 世纪与 21 世纪之交) 的载人航天工程, 并确定了三步走的发展战略: 第一步, 发射载人飞船, 建成初步配套的试验性载人飞船工程, 开展空间应用实验; 第二步, 突破载人飞船与空间飞行器的交会对接技术, 并利用载人飞船技术改装、发射空间实验室, 解决有一定规模的、短期有人照料的空间应用问题; 第三步, 建造载人空间站, 解决较大规模、长期有人照料的空间应用问题. 此后, 我国又于 2003 年确定于 21 世纪前 20 年对月球进行首批次航天探测, 也确定了三步走的发展战略: 第一步, 发射环绕月球运行的

探测器 (或称月球卫星) 对月球进行遥感探测；第二步，发射月面软着陆探测器，用月球车或机器人实地考察月球；第三步，发射可返回地球的探测器，把采集的月球样品送回地球.

近二十几年来，我国的航天事业不仅在人造卫星领域实现了更新换代、技术水平"更上一层楼"的显著进展，而且在卫星式载人航天领域和航天月球探测领域取得了震惊世界的重大突破. 迄今我国的人造地球卫星已在科学实验、国土普查、通信广播、导航定位、气象观测、资源勘查、海洋探测、环境监测、防灾减灾、农作物育种、新技术试验等方面发挥了重要作用，我国对太空的开发利用活动也已于 21 世纪第一个 10 年中期从无人在太空直接参与、全部凭借航天器 (主要是人造地球卫星) 内的自动化设备进行 (不妨称为卫星式无人航天) 转入到以卫星式无人航天为主、以卫星式载人航天器上乘载的航天员在太空直接参与进行 (不妨称为卫星式载人航天) 为辅的新时期.

通过近 44 年 (1970 年 4 月—2013 年 12 月) 我国进行的航天发射，我国相继成为：世界上第五个能研制发射人造地球卫星的国家，世界上第三个掌握卫星返回技术和航天摄影技术的国家，世界上第五个能发射地球静止轨道卫星和拥有通信卫星的国家 (含国际组织)，世界上第三个能同时研制发射太阳同步轨道气象卫星和地球静止轨道气象卫星的国家，世界上第三个拥有导航卫星和第一个利用地球静止轨道进行卫星导航的国家，世界上同时拥有太阳同步轨道地球资源卫星和海洋探测卫星的国家,世界上第三个掌握卫星式飞船载人航天基本技术的国家,世界上第三个掌握双人多天的卫星式飞船载人航天技术和第三个能利用本国的卫星式载人飞船进行有人参与的太空开发利用活动的国家,世界上拥有微波遥感卫星的国家,世界上第五个进行月球探测的国家(含国际组织),世界上掌握卫星数据中继技术的国家,世界上第三个掌握多人多天的卫星式飞船载人航天技术和第三个能在卫星式载人飞船上进行航天员出舱活动的国家,世界上第三个具有研制发射太空实验室能力和第三个掌握航天器交会对接技术的国家,世界上第三个实现探测器在月球表面软着陆和对着陆点邻近的月球表面开展巡视的国家.

"神舟号"飞船

图20-2 "天宫1号"目标飞行器与"神舟号"飞船
交会示意图

在2013年6月圆满完成的我国"神舟号"飞船载人航天工程第10次飞行任务中,3名航天员于

6月11日乘坐"神舟10号"载人飞船由长征2号F型火箭携带从酒泉卫星发射中心起飞升空,进入预定的太空轨道;13日3名航天员进驻"天宫1号"目标飞行器后,完成了多项空间科学实验、航天医学实验和航天技术试验,并于18日进行了我国第一次太空授课(内容为微重力环境下的奇特物理现象);26日3名航天员乘坐"神舟10号"载人飞船的返回舱以弹道-升力再入方式向地面返回,成功地着陆于预定返回地区(内蒙古自治区四子王旗).这一成就不仅标志我国跨世纪载人航天工程第二步第一阶段的任务全面完成,而且表明我国的航天事业正在根据本国的需要和可能,自主加创新、稳步加跨越地向前推进,发展势头良好、前景灿烂辉煌.正如习近平总书记于24日和驻留在"天宫1号"目标飞行器上的航天员通话时所述:"飞天梦是强国梦的重要组成部分.随着中国航天事业的快速发展,中国人探索太空的脚步会迈得更大、更远."

在习近平总书记作出上述指示后的第六个月,即2013年12月进行的我国"嫦娥号"(人造月球)卫星月球探测航天工程第3次飞行任务中,于12月2日发射升空的"嫦娥3号"卫星经过复杂的飞行过程,成功地在12月14日21时11分将带有4个支撑杆装置的着陆器(设计工作寿命1年)在月球表面预定着陆点(位于月球西经19.5°、北纬44.1°的"虹湾"以东区域)安稳站立.12月15日04时35分,取名为"玉兔号"的巡视器(设计工

115

作寿命 3 年, 为高 1.1 m、长 1.5 m、宽 1 m 和总质量 140 kg, 带有一对太阳能电池帆板, 最大速率 200 m/h 的六轮车) 与着陆器分离, 登上月球表面款步移动. "嫦娥 3 号"月球着陆器和"玉兔号"月面巡视器各有一个表面带有一幅用特殊材料制成的"五星红旗"图记. 12 月 15 日 23 时 40 分, 着陆器和巡视器开始进行首次相互拍照成像试验. 5 分钟后, 即 12 月 15 日 23 时 45 分, 地面测控中心就收到从着陆器发送、传回的图像. 从图像中可清晰地看到巡视器正面左侧的"五星红旗"图记 (面积大小与 B5 纸相近) 鲜艳夺目. 上述事实表明, "嫦娥号"卫星月球探测航天工程第二期 (步) 的任务已圆满完成, 我国开发太空的"足迹"已印记在茫茫太空中的月球表面上.

参 考 文 献

[1] 阿尔拉佐洛夫. 星际飞行的创始人齐奥尔科夫斯基. 阎雅琴, 译. 北京: 科学技术出版社, 1959.

[2] 汪家詠. 人造卫星的运行理论. 北京: 科学出版社, 1959.

[3] 中国大百科全书·航空航天. 北京: 中国大百科全书出版社, 1985.

[4] 朱毅麟. 航天浪花集. 北京: 中国宇航出版社, 1985.

[5] 王希季, 李大耀. 空间技术. 上海: 上海科学技术出版社, 1994.

[6] 航空航天博物馆. 开封: 河南教育出版社, 1995.

[7] 钱学森. 星际航行概论. 北京: 中国宇航出版社, 2008.

郑重声明

高等教育出版社依法对本书享有专有出版权。任何未经许可的复制、销售行为均违反《中华人民共和国著作权法》，其行为人将承担相应的民事责任和行政责任；构成犯罪的，将被依法追究刑事责任。为了维护市场秩序，保护读者的合法权益，避免读者误用盗版书造成不良后果，我社将配合行政执法部门和司法机关对违法犯罪的单位和个人进行严厉打击。社会各界人士如发现上述侵权行为，希望及时举报，我社将奖励举报有功人员。

反盗版举报电话　　（010）58581999　58582371

反盗版举报邮箱　　dd@hep.com.cn

通信地址　北京市西城区德外大街4号

　　　　　高等教育出版社法律事务部

邮政编码　100120

读者意见反馈

为收集对教材的意见建议，进一步完善教材编写并做好服务工作，读者可将对本教材的意见建议通过如下渠道反馈至我社。

咨询电话　400-810-0598

反馈邮箱　hepsci@pub.hep.cn

通信地址　北京市朝阳区惠新东街4号富盛大厦1座

　　　　　高等教育出版社理科事业部

邮政编码　100029